ISBN: **978-0-244-61004-3**
Prima edizione: 25 maggio 2017 rev. 07 (11 – 17)
Seconda edizione: 24 settembre 2019 rev. 04 (05 – 23)

Indirizzo di posta elettronica:
a.galuppini@gmail.com
ID Skype:
albino.galuppini
Telefono:
+39 347 3060518 (*+WhatsApp*)

INFORMAZIONI SUL DIRITTO D'AUTORE

Albino Galuppini

QUADERNIDALLA
TERRA
PIATTA

volume1°

CAMBIODIPARADIGMA

Prefazione di Dino Tinelli

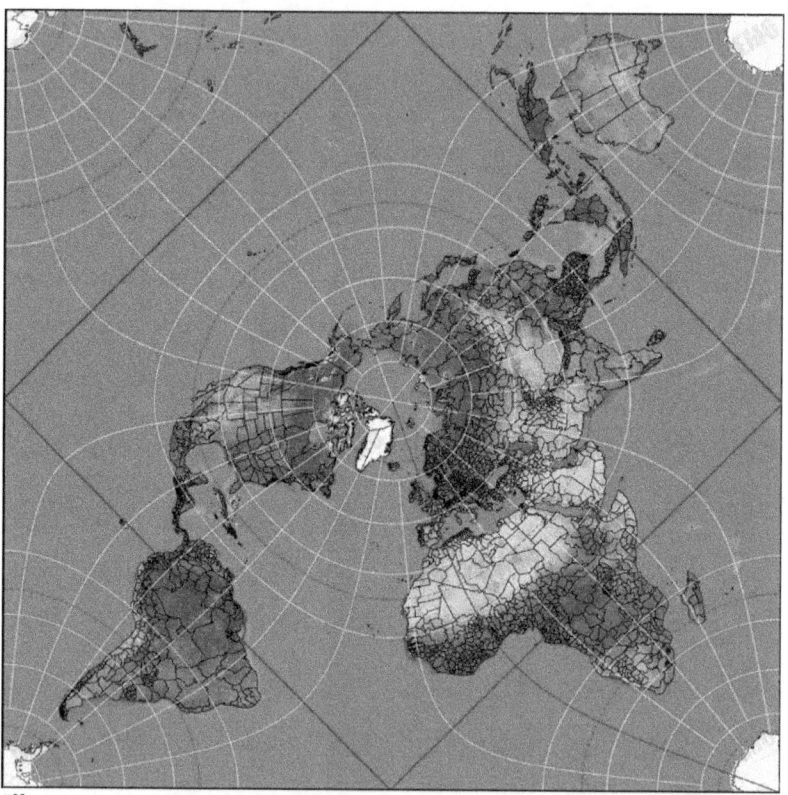

Illustrazione 1: i "quattro angoli della Terra" descritti nella Bibbia?

Introduzione di Calogero Greco

INDICE DEL TESTO

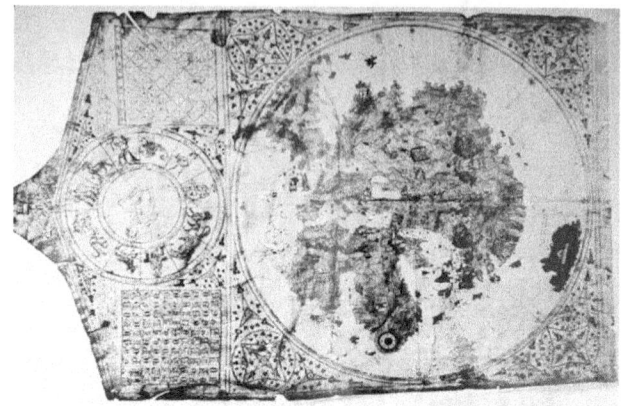

La mappa disegnata a Venezia da Albertino de Virga nel 1411, attualmente scomparsa. Riporta l'America e anche l'Australia (a destra) 200 anni prima della sua scoperta ufficiale.

Illustrazione 2: la prima fotografia in assoluto scattata dallo spazio il 24 ottobre 1946 da un razzo V2, requisito alla Germania sconfitta. Non evidenzia alcuna curvatura della "sfera terrestre".

→ PREFAZIONE

La prima volta che mi sono imbattuto nel perspicace Albino Galuppini è stato subito dopo le mie prime traduzioni in italiano sul canale YouTube che mi sono aperto inerente la tematica della terra piana.

Se si naviga sul suo blog, Pianeta X, si scopre l'ampiezza degli argomenti trattati. Sono talmente vaste le cose da scoprire che chiunque si trova spiazzato scovando qualcosa che non conosceva e che, di sicuro, non conosce ancora.

L'ho contattato, una volta appreso che aveva ricaricato una mia traduzione ed è stato un piacere apprendere della sua lodevole ed immediata attenzione.

Albino, porta il nome di mio nonno, s'è reso disponibile per un incontro conoscitivo e per uno scambio di informazioni in un suggestivo paesotto lombardo.

La prima volta che l'ho visto, stava incamminandosi di buona lena verso di me. Alto, una persona decisa, sicuramente estrosa e che, oltre al fare contadino, emanava una grande energia, solare e carica di magnetismo col desiderio di trasmettermi il suo sapere, perché Albino conosce e si occupa di tantissime cose.

La sua parlata semplice, una spiccata cantilena bresciana, può trarre in inganno il colto fine dicitore, ma quello che estrapola nei discorsi trasmette subito la profondità della conoscenza che possiede.

Credo che siano nulla le cose che leggiamo sul suo blog rispetto a quello che ha immagazzinato ed approfondito nella sua fertile mente.
Sono certo che Albino è anche un sensitivo, in grado di captare vibrazioni inavvertibili a molti, me compreso.

Ho riscontrato la sua grande conoscenza sui grandi inganni mondiali, tipo il finto allunaggio, i poteri occulti che comandano il mondo ed altre cose che sinceramente non avevo e che non ho ancora approfondito.

Scrivo con piacere queste poche righe di prefazione del primo *Quaderno dalla Terra Piatta*, perché questa terra piatta o terra piana, come preferisco io, è solo la punta di un iceberg rispetto a quanto Albino conosce e porta dentro sé.
Credo che con l'Amore che usa nell'infondermi piccoli suggerimenti, li faccia diventare GRANDI.
Grazie Albino per quello che fai per chi cerca la libertà.

Con sincero affetto.

Dino Tinelli

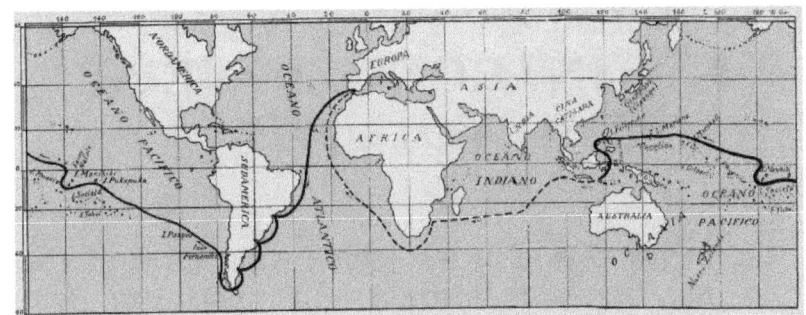

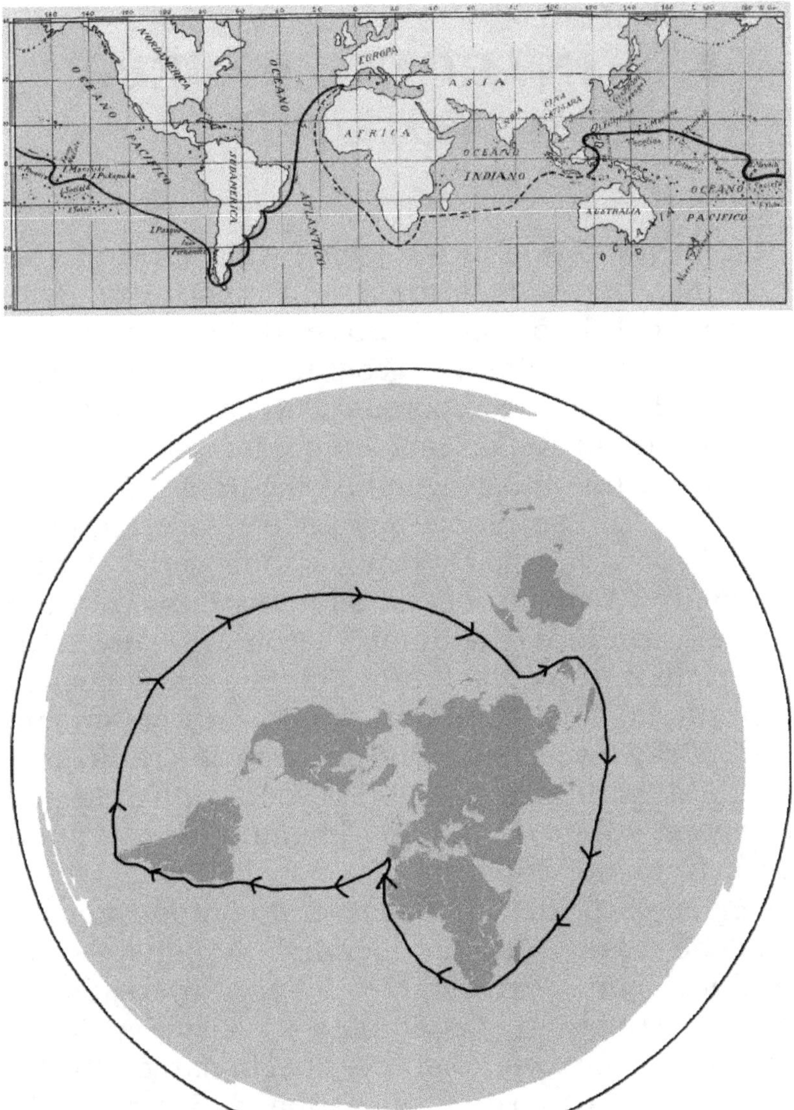

Illustrazione 3: in alto: la rotta seguita da Ferdinando Magellano fra il 1519 e il 1522. Ha perfettamente senso pure su di un piano.

→ INTRODUZIONE AL PRIMO VOLUME

Premessa a una introduzione sulla Terra piatta, o piana. Stavo meditando sull'importanza delle parole, del loro significato e della loro provenienza, non soltanto geografica, bensí anche socio-culturale e temporale. Cosí, applicando un sofismo induttivo al ragionamento e al modo di analizzare un qualsivoglia argomento, mi é venuto in mente un termine: "opinabile". Parola questa tradotta, o meglio, storpiata dal verbo latino "pugnare". L´italiano nella sua pochezza, voluta o meno, traduce opinabile con: "Avere un determinato parere, una certa opinione ed esprimerla, molti hanno opinato diversamente ecc". Ora, invece, se confrontiamo la traduzione della stessa parola (opinabile) in altre lingue traspare subito il grande inganno che é stato perpetrato nei confronti dei popoli italici. Per la maggior parte dei linguaggi, che contano ancora qualche cosa a livello mondiale, "opinabile" si traduce con "contestable – controversable - controvertible - debatable - disprovable - disputable - exceptionable – questionable". Tutte, o quasi, le traduzioni ripristinano il significato etimologico originale latino dalla radice "pugno", che da l´idea dell´opporsi con forza o con la forza.

Mi direte ora, che cosa c´entra tutto questo col tema della terra piatta?

Calma! Con questo volevo dire che questa non é stata l´unica parola ad essere stata stravolta, ci hanno modificato tutti i vocaboli di provenienza latina, sostituendoli con dei termini italioti che non esprimono piú quella forza, quella logica, quella maestosità, quella sommità, eccetera che solo il latino riusciva a dare. Diceva un filosofo siciliano: *"Un popolo mettetelo in catene, spogliatelo, tappategli la bocca è ancora libero. Levategli il lavoro, il passaporto, la tavola dove mangia, il letto dove dorme, è ancora ricco. Un popolo diventa povero e servo, e perso per sempre quando gli sottraggono la lingua ricevuta dai padri."* Io, che sono spesso in giro per altri paesi, non posso fare a meno di commuovermi ogni qualvolta mi capita di incontrare, quando leggo qualche giornale o rivista, o di ascoltare quando parlo con la gente del posto qualche termine in latino, che viene ripreso fedelmente sia nello scritto che nella dizione, e riprende, in questi paesi, lo stesso sostanziale significato che ha dato nei millenni. Le lingue che familiarizzano di piú con il latino sono: l´inglese, il tedesco, il francese, lo spagnolo, il russo che guarda caso sono parlate da popoli che hanno dominato nei secoli.

Dominato non soltanto nel campo militare ma anche, come sappiamo, in quello scientifico e tecnologico-culturale-civile negli svariati suoi aspetti. Concludo la premessa dicendo che il problema che vuoi economico o sociale, o culturale etc. che ci ritroviamo adesso parte da molto lontano; e cioé da quando hanno istituito la scuola dell´obbligo affidandone la gestione o il controllo a certa "ggente".

Ok! Veniamo al nocciolo della questione. Vi vorrei parlare di questi fermenti nuovi che stanno facendo impazzire i motori di ricerca di Internet di tutto il mondo. All´inizio, qualche anno fa, erano per la maggior parte in lingua inglese. Poi, in seguito, si sono aggiunti lo spagnolo, il francese, ultimamente l´italiano. È molto recente la notizia, che anche tanti paesi asiatici e africani si stanno infervorando con questo, per alcuni nuovo, ma per moltissima gente vecchio e datato argomento che é..... tenetevi forte! LA TERRA PIATTA O PIANA. È un peccato non poter percepire e sentire la vostra reazione alla notizia, ma non sará diversa da come fu la mia, quando anche io sentii o lessi per la prima volta di questa novitá. La differenza, secondo me, sta nell'interazione e nella connessione con quale lingua in quel preciso momento hai captato il messaggio. Di sicuro c´e una cosa, che se l´avessi inteso e ascoltato anche io per la prima volta in italiano, sarei rimasto allibito come lo siete sicuramente voi. Dicevo prima, comunque, quello che va per la maggiore e che tratta a livelli altissimi l´argomento é l ´inglese. Per chi inizia per la prima volta una tale ricerca, il corrispettivo inglese di terra piatta é "the earth is flat", (noto miseramente che il termine italiano "terra piatta" é veramente ridicolo, ma non lasciamoci buttare giú. Niente é ancora perso!)

Ricordo ancora quando vidi, sentii e lessi in un video di Youtube per la prima volta di questa "flat earth", terra piatta appunto, non potei fare a meno di imbestialirmi e di agitarmi e di rispondere subito con un commento che diceva pressappoco così: "Dato che questi che affermano che la Terra é piatta e quindi ne negano la sua sfericità, come si fá allora a spiegare la forza gravitazionale, la forza centrifuga e centripeta, la legge di gravitazione universale, cioé la legge di Newton, Le leggi di Keplero, il sistema copernicano, l'afelio e il perielio e tantissime altre nozioni scientifiche che io come tanti "intelligentoni" di questo mondo, vantandomi e fregiandomi di conoscere stavo enunciando. (scrissi anche tante altre brutte cose di cui oggi mi pento molto. Infatti, da lí a poco cancellai subito il mio commento). Questo dall´altra parte del mondo in cui si trovava,doveva essere mi sembra dalla Nuova Zelanda o Sud Africa,non mi ricordo più bene,mi rispose dopo qualche ora con un semplice: "Are you sure the earth is a ball?" Ossia, mi stava domandando, se ero sicuro che la Terra fosse una palla! Quella fú una delle tante notti che non volli piú dormire,perché avevo capito di aver dormito anche troppo fino ad allora (spero che si capisca la metafora). Non trascorse piú un giorno in cui non riflettessi sull´accaduto. Quando il bel tempo lo permetteva, stavo fuori fino a tardi a scrutare il sole, la sua orbita (avete mai avuto modo di assistere ad una estate boreale? È fantastica!). Pensavo anche che tutto ció che io ritenevo di sapere lo avevo imparato nei libri di scuola, come tutti del resto. O meglio, mi era stato inculcato negli anni piú belli e spensierati che sono proprio gli anni quando uno vá a scuola. Sono gli anni anche dove a un ragazzo gli puoi far credere tutto ed il contrario di tutto.

Rammento ancora il primo giorno di scuola dove la maestra della prima classe delle elementari, presentandosi a noi bambini lo fece con tanta "dolcezza" e "affidabile sincerità" dicendoci: "cari bambini io non sono soltanto la vostra maestra,io sono la vostra seconda mamma, anzi, per certi aspetti e durata di presenza fisica reale io sono la vostra vera mamma." Noi bambini tutti felici perche`avevamo trovato la nostra vera mamma. Vi ricordate anche voi queste cose?

Come si fá a non credere a tutto ció che ti racconta la tua "vera" mamma? E poi arrivarono le scuole medie e con esse i professori, i "veri" papá. Cioé i papá di matematica, i papà di religione, i papà di educazione fisica (che non era altro che un´anticipazione del servizio militare) e il papa´ di scienze che ti raccontava di come funzionava la terra, il sole, la luna e le stelle. E come si fá a non credere a Papá quando ti dice che è la terra a girare intorno a sole, quando per noi tutti bambini era visibile ad occhio nudo che era il sole a muoversi e non noi con la Terra.

Come non si fa a credere a Papá quando ti spiega che nonostante la Terra sia a forma di palla, l´acqua del mare che stá nell´emisfero sud, e quindi a testa in giú non cade perché la trattiene la gravitazione terrestre: cioé una specie di enorme calamita che ci tiene tutti attaccati al pianeta. E quando poi gli chiedevi allora come facciano gli uccellini con le loro tenere alucce a volare e a staccarsi dal suolo con tanta leggerezza, si mettevano a ridere e ti prendevano anche in giro. E allora tu per non essere deriso credevi a tutto ció che il "vero" PAPÀ ti diceva. Questo ve lo ricordate! E quando poi avvenne l'apoteosi di tutta questa farsa con la conquista della Luna e l´allunaggio trasmesso in diretta televisiva eravamo oramai talmente cotti delle tante menzogne che ci avevano raccontato prima, che avremmo creduto a tutto ormai. Anzi crediamo ora giá a tutto. Addirittura che discendiamo dalle scimmie.

Se questa non é coerenza!

Calogero Greco

17

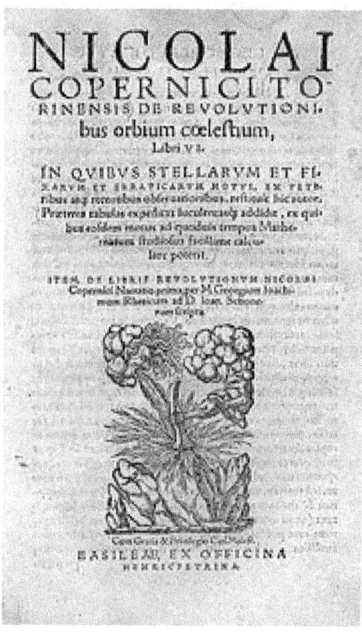

Il fondamento del modello eliocentrico.
A lato, il Proemio dell'opera di Nicolò Copernico De Rivolutionibus Orbium Caelestium pubblicata a Norimberga nel maggio del 1543, mese della sua morte, e conservato presso la Biblioteca del Triniry College a Cambridge.

Illustrazione 4

QUADERNO UNO

➤ Un approccio filosofico

✔ L'UNIVERSO OLOGRAFICO

La disamina a sostegno delle evidenze che la Terra sia piana fa giungere alla conclusione che il nostro mondo è governato da leggi assai meno riconducibili alla Fisica classica di quanto supponessimo.

Con il termine *ologramma* si identificano in genere le immagini tridimensionali, e in particolare quelle stereoscopiche, ovvero quelle che appaiono con prospettive diverse a seconda del punto di osservazione. L'ologramma consente di riprodurre, con notevole fedeltà, un'immagine precedentemente memorizzata. In fase di registrazione, un fascio di luce laser viene inviato sia verso l'oggetto da riprodurre, sia verso una lastra di materiale sensibile. Grazie a un gioco di specchi, la luce che arriva dalla sorgente interferisce con quella riflessa dall'oggetto. Sulla lastra dunque si formano delle linee, chiamate frange di interferenza. Le frange contengono l'informazione sulla tridimensionalità.

Illusione di luce. Illuminando la lastra con un altro fascio laser, infatti, si riesce a decodificare l'informazione ricostruendo l'immagine tridimensionale dell'oggetto, che finalmente appare allo spettatore come se fosse fisicamente presente. Successivi sviluppi della tecnica hanno consentito di realizzare ologrammi visibili anche con luce bianca o solare e ologrammi stampati, nei quali il reticolo di diffrazione viene riprodotto su un supporto di plastica trasparente, appoggiato a sua volta su uno strato argentato, come avviene in alcune carte di credito.

Se noi guardiamo un oggetto, ne vediamo una "rappresentazione" in quanto esso è vuoto quasi al 100%, quindi, abbiamo a che fare con una olografia ossia una immagine tridimensionale di un qualcosa di pressoché inesistente dal punto di vista materiale.

L'olografia cosmica si riflette nel microcosmo del nostro essere: ologrammi sono fenomeni tuttora inspiegati come le guarigioni miracolose, l'ipnosi, il sonnambulismo e le percezioni extrasensoriali.

Qualche esempio sostanziale. Vi sono numerosi luoghi nel mondo dove sussistono "anomalie gravitazionali".

Nelle anomalie della gravità, il vettore direzione non è quello parallelo allo zenit del terreno, non soltanto, le dimensioni dei corpi che attraversano mutano anche di forma e tempo (Illustrazione 5).

Quindi la gravità, qualunque cosa sia, è un qualcosa di diverso da una semplice forza di attrazione verso corpi di massa maggiore per unità volumetrica (densità).

Se un amico ci avesse detto che viviamo tutti in un ologramma gigante, probabilmente gli avremmo risposto di piantarla di scherzare. Invece, incredibile a dirsi, una nuova fisica potrebbe postulare che ciò che noi percepiamo come un universo tridimensionale regolato da ferree formule matematiche della Fisica potrebbe essere l'immagine di un universo a "geometria variabile" in cui le leggi fisiche possono localmente cambiare. Non solo verrebbe messa in discussione la natura tridimensionale del mondo, ossia il fondamento del nostro senso della realtà tanto quanto l'idea dello scorrere del tempo.

Illustrazione 5: Mistery Spot, un'anomalia gravitazionale in California.

Un mistero fitto avvolge la rotazione terrestre. Come mai non la avvertiamo e sembra che nessuno strumento tecnico sia in grado di misurarla? Nemmeno il giroscopio, a dispetto del fatto che nei documentari e manuali che ne trattano si asserisca che tale dispositivo dovrebbe mantenere la sua posizione assoluta anche in relazione allo spostamento spaziale del supporto su cui poggia causato dalla rotazione della Terra attorno al proprio asse.

Sembra che tutti gli antichi testi sacri descrivano una Terra stazionaria e piana, inclusa la Bibbia. Che cosa sapevano quegli antichi che noi non conosciamo?

L'illuminazione prodotta dal Sole e dalla Luna sono una palese contraddizione. Se osservati da palloni d'alta quota, essa appare uniforme ma con un curioso effetto "occhio di bue" (Illustr. 7). In talune fotografie, però, formazioni nuvolose compaiono "dietro" di essi, come se le due grandi luminarie si trovassero entro l'atmosfera terrestre. (Illustrazione 6)

La direzione da cui sembra provenire la luce che illumina la Luna, resa visibile dal terminatore, forma un angolo molto differente da ciò che ci si aspetterebbe rispetto alla posizione del Sole. (Illustrazione 10)

Illustrazione 6: nubi apparentemente "dietro" la Luna. Illusione ottica?

Illustrazione 7: immagine scattata da un pallone aerostatico ad alta quota, a sinistra in basso notare l'effetto "occhio di bue".

Illustrazione 8: i raggi crepuscolari danno l'impressione che la fonte luminosa è vicina, immersa nelle nubi. Una visione olografica?

Nel caso dei cosiddetti "raggi crepuscolari", l'astro solare appare trovarsi appena sopra le nuvole (Illustrazione 8).

L'atmosfera terrestre, obbedendo alle leggi della Fisica, dovrebbe essere risucchiata nello spazio per differenza di pressione laddove, ci viene assicurato, esiste un vuoto quasi assoluto.

L'attrazione gravitazionale basterebbe a trattenere l'involucro atmosferico nonostante lo spaventoso gradiente barico.

La Luna ci dicono essere un corpo solido, disco o sfera che sia. Chi ce lo assicura?

Difatti, come mai nel corso dei secoli e tutt'ora si osservano saltuariamente stelle e pianeti attraverso di essa?

Forse il satellite è traslucido. Inoltre, perché, all'orizzonte, esso appare molto più grande di quando è alto nel cielo? Non esiste spiegazione condivisa da parte degli scienziati sul fenomeno.

Che significa ciò?

La Luna sembra un disco piatto però la disposizione dei crateri e sue fattezze la fanno sembrare una sfera, ovvero tridimensionale. Una domanda assilla i ricercatori in questo campo: se il Sole ruota su un piano parallelo alla superficie, perché non si vede anche di notte in lontananza: la risposta sta verosimilmente nella matrice olografica in cui siamo immersi. Chi ha progettato il mondo in cui viviamo ha disposto l'alternanza fra giorno e notte a dispetto di qualunque considerazione di tipo geometrico e geografico si possa escogitare.

Illustrazione 9: immagine del tramonto scattata da un pallone d'alta quota in Svizzera. Il semicerchio formato dall'illuminazione diurna segue il Sole ed è incompatibile col modello sferico della Terra.

Concetti quali "moto rettilineo uniforme" sono da rivedere al pari delle formule matematiche per calcolare area e volume in figure geometriche, in tre dimensioni o meno.

La stessa velocità della luce è sempre stata una "costante" incostante, un ossimoro. Essa è calcolata attraverso la media matematica delle misurazioni effettuate da alcuni laboratori in diverse parti del mondo. E tale "costante" è variata *costantemente* nel corso dei decenni.

E ora, alcuni ricercatori tendono a credere che le contraddizioni tra la teoria della relatività einsteiniana e la meccanica quantistica potrebbero essere conciliate se considerassimo ogni oggetto tridimensionale del nostro mondo come la proiezione di minuscoli "byte" subatomici contenuti in un mondo piano. Gli atomi sono per il 99,99% composti da spazio vuoto la materia "solida" o in qualunque stato è fatta di interazioni energetiche.

La Criptozoologia è lo studio e la ricerca di animali elusivi la cui esistenza non è riconosciuta dalla scienza ufficiale. Vi sono esseri, infatti, dalla ecologia criptica che li rende quasi mai visibili, per motivi di protezione dai predatori, rifugiati in dimensioni parallele come divenissero fantasmi,

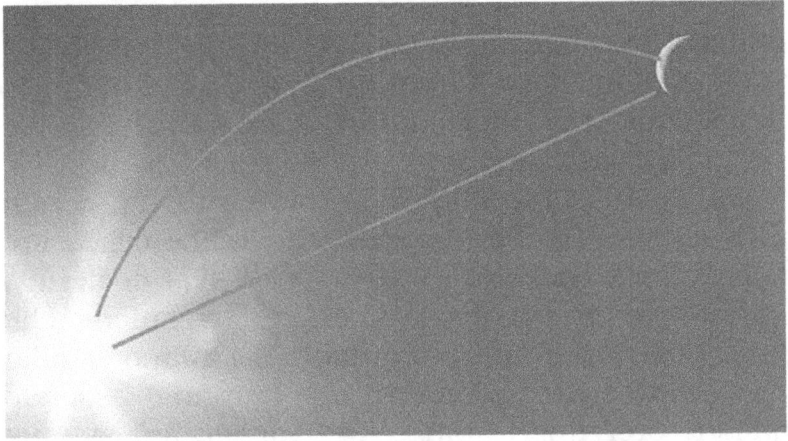

Illustrazione 10

La scienza canonica s'illude di padroneggiare matematicamente tali evenienze dell'essere umano ma si tratta di pura presunzione.

Sembra che le leggi della percezione sensibile e universalmente valide per gli esseri umani, mutino allontanandosi dall'intorno abituale dove noi viviamo. In altre parole, osservando l'orizzonte con telescopi esso fornisce di se un'immagine differente da come la percepiamo a occhio nudo.

Stesso dicasi per la visione degli astri e delle stelle. Le leggi della Fisica classica sono le uniche valide nel "nostro" universo olografico e soltanto in un intorno dell'Habitat in cui la specie umana può sopravvivere. Dall'interno della bolla vitale, noi osserviamo in lontananza forme, luci e colori. Ma se ci avvicinassimo, la percezione cambia drasticamente, perfetta definizione della olograficità dell'universo.

Stante tale considerazione, non potremo capire se oltre le coste antartiche il Firmamento tocca terra come fossero i bordi di una cupola. Oppure si estende su un piano di ghiacci, tenebre e nebbia senza fine.

Dagli aeroplani di linea in volo notturno, non si intravedono stelle quando dovrebbero essere magnificenti data la sottigliezza dell'atmosfera a 10 mila metri di quota. Le leggi cosmiche che governano lontani ambienti esulano dalla possibiltà della comprensione umana essendo questi "territori" oltre la topografia a noi comprensibile e descrivibile.

Infine, sono sovente riportati misteriosi fenomeni luminosi osservabili in cielo. Che cosa sono? I famosi "dischi volanti"? O che altro?

Sono essi i nostri Artefici oppure sono il frutto di una creazione meglio riuscita del medesimo Yahweh?

In conclusione, si ha l'impressione di stare a malapena scrutando un gigantesco schermo cinematografico, esistente dentro e fuori di noi, di cui gli "effetti speciali" ci sono incomprensibili.

Insomma, un universo olografico che è in verità la proiezione di ciò che introiettiamo attraverso la scolarizzazione obbligatoria.

Illustrazione 11: esempio lampante di illuminazione "locale" della Luna. Le nubi distanti sono buie.

Illustrazione 12: il pianeta Venere fotografato da astronomi dilettanti con il potente teleobiettivo della Nikon Coolpix P900. Qual è il suo vero aspetto?

✔ APOTEOSI PER UN NUOVO ORDINE MONDIALE

Che cosa è il NWO o Nuovo Ordine Mondiale?

Ce lo chiediamo con insistenza, se ne parla sempre nei media alternativi che citano il discorso di George Bush padre pronunciato l'11 settembre 1991. Ci accompagna un'inquietudine strisciante di ardua decifrazione.

Il motivo risiede nell'oscura matassa da dipanare.

Quali sono la filosofia, la dottrina, i dogmi che animano coloro che stanno dietro al piano della globalizzazione?

L'errore più grossolano commesso dall'ingenuo, analizzando il NWO, è di credere si tratti di una serie di processi disarticolati convergenti per casualità.

Ma non è così.

Per semplicità, chiamerò Illuminati, dall'occhio di Horus, la cricca responsabile del progetto di unificazione mondiale.

Al massimo livello, essi sono un ristrettissimo gruppo costituito da non più di poche centinaia di persone in tutto il mondo. Perlopiù di famiglie aristocratiche di alto lignaggio. Corrisponde a verità che costoro siano sovente di ascendenza giudaica.

Il secondo grande errore che si può commettere è di ritenere che non vi sia un afflato religioso dietro alle pulsioni dei cospiratori. In realtà costoro sono mossi da un furore mistico e da un'abnegazione del tutto degna della più fanatica tra le religioni.

Qual è dunque la loro Agenda?

Lo scopo degli Illuminati è la generazione di una umanità nuova dal cui cuore venga eradicata buona parte degli insegnamenti e precetti delle tre religioni monoteiste: Cristianesimo, Ebraismo e Islamismo.

Si tratta di menti raffinatissime nel cui pensiero si annida una contrazione degli spazi e una dilatazione dei tempi. Il mondo è piccolo e I loro piani si realizzano in anni, decenni e perfino secoli. La mondializzazione è un processo storico che sta avvenendo per gradi, composto da un'alternanza di eventi a lenta maturazione con improvvisi balzi in avanti.

Il dettame supremo del NWO è l'avvicendamento di Dio con l'Uomo Vitruviano al centro dell'Universo: onnipotente, onnisciente, onnipresente. Senza tabù e inibizioni.

L'obliterazione della morale in favore dell'etica della persona, del progresso scientifico. L'Uomo "costruttore", artefice del proprio destino, deciso a "farsi un Nome" al posto di Dio.

Una "edificazione" simboleggiata dalla Torre di Babele la quale, secondo il capitolo 11 della Genesi, doveva servire a raggiungere il Cielo.

Il fine ultimo è la deificazione o divinizzazione. In altre parole, una "apoteosi" dell'essere umano ossia "reso come un dio", in significato etimologico.

A malapena descrivibile è il loro disprezzo verso l'Onnipotente che non ci ha creati sfavillanti e splendenti come Lui. Gridano al tradimento poiché ci avrebbe ingannati non avendoci creati "a sua immagine e somiglianza".

Reclamano saggezza e bellezza che caratterizzavano il loro dio, il più bello e sapiente degli angeli del Paradiso. Le Scritture riferiscono che egli peccò di superbia volendo essere più potente di Dio e per questo motivo fu sprofondato negli Inferi assieme a un manipolo di angeli decaduti suoi seguaci.

Il New World Order è il semplice coronamento della loro celeste vanità.

La più grande beffa di gente follemente intelligente, citando lo scrittore Stendhal, è di fare credere di non esistere (°). Dall'ombra ammorbano le religioni nel modo più logico: facendole combattere fra di loro. Per manipolare meglio le masse, le hanno divise in fazioni contrapposte, meglio se solo due per facilità; repubblicani – democratici, laburisti – conservatori, "rossi" e "neri", "rossoneri" e nerazzurri, laziali e romanisti.

Hanno previsto un Governo Centrale di stampo neonazista con una Moneta Mondiale Digitale. A nessuna entità sarà concesso di uscire dalla divisa unica globale. Un ordine che si materializzerà attraverso la fusione di tutti i popoli abbattendo ogni stato, nazionalità, frontiera. Ognuno potrà emigrare senza restrizioni ovunque desideri. L'istituzione di una lingua d'interscambio comune, l'inglese "globish", per un "villaggio globale", chiamato internet, dove tutti credono di conoscere tutti.

Illustrazione 13: la torre di Babele. Fu il peccato d'orgoglio commesso dagli uomini e narrato nel capitolo 11 della Genesi che causò l'ira di Dio scatenando il Diluvio Universale.

Tu puoi fare ciò che vuoi, assumere ogni identità: scrittore pubblicato e giornalista aprendosi un blog, oppure esibizionista "cosmico" su Youporn. Oppure ancora, divenire pilota di formula uno, aviatore su biplani della prima guerra mondiale, integerrimo sceriffo nel vecchio West, grazie alla realtà virtuale e ai videogiochi.

Esisterà una sapienza universale "rivelata", fruibile attraverso un unico motore di ricerca web che fornirà le medesime risposte per qualunque domanda.

Bisognosa di privacy, questa dottrina è anti-identitaria. Si deve conoscere il peccato, non il peccatore. Iconicamente, i massoni si incappucciano durante le loro cerimonie rituali.

Nessuna differenza ci deve essere tra le "persone", uomo o donna, etero o gay, senza età o preclusione di sorta. Una comunità globale, guidata dalla élite, il cui intento è creare il bello, geneticamente modificato, per contemplarne la bellezza in sé stessa oscurando la nomea del vero Creatore.

In economia, gli Illuminati non ragionano in termini di nazioni e popoli, russi o americani. Non ci sono terzi mondi, un Occidente o un Oriente. Bensì un unico, solo sistema di sistemi, strettamente intrecciato con le banche e la finanza, dove tutti collaborano al profitto comune.

Una vasta, ecumenica, società perfetta in cui ogni necessità sia soddisfatta, ogni angoscia tranquillizzata, ognuno dotato di una partecipazione azionaria d'immani multinazionali che saranno le nuove nazioni. I loro contenziosi per accaparrarsi i "cervelli" migliori saranno le future guerre. Un insieme di corporazioni inesorabilmente regolato, purificato, magnificato dalle ferree leggi del mercato e dalla concorrenza totale cioè globale. Nel nuovo mondo chi non lavora, non mangia e ogni minuto libero è "intrattenuto" con il divertimento e le vacanze.

La "salvezza" non passa attraverso la misericordia divina, all'opposto per un business mondano.

Il mondo è un "mercato".

L'esistenza umana è concepita come godimento "immediato", "immanente", vizi capitali che surclassano i 10 Comandamenti. L'istrionismo elevato a regola, fino a raggiungere qualunque sordida degenerazione. Ognuno potrà contrarre un matrimonio legalmente valido con un albero o col proprio cane. Non sarà una "dissacrante" eresia.

In questa filosofia non prevale alcun "pentimento" né "perdono" per le azioni ma "compassione" per sé stessi o per gli altri. L'edonismo come stile di vita, pallido rifugio per un egoismo sfrontato.

Il male può avere aspetti positivi, pensano loro.

Ma che cosa sono "bene" e "male"?

Una distinzione puramente manichea.

I sani "principi" sono sempre più obsoleti, soppiantati dal relativismo dei "valori". E se i valori sono destinati a mutare col tempo, chi può veramente stabilire quando una cosa è "peccato"?

Tuttavia, il loro sogno è destinato a infrangersi sugli scogli della fragilità umana. Giacché, se vi sembra di intravedere una scintillante "pentola" colma di opportunità, aspettate di scorgere il "coperchio".

La spersonalizzazione sta ingenerando un'umanità robotica di lavoratori – consumatori privi di un'anima. Poiché la loro è stata venduta a buon mercato da neri carcerieri in guanti bianchi. L'affrancamento e la floridezza del singolo individuo sono finiti. L'essere disumanizzato, microchippato, astutamente imprigionato da una gabbia dorata per il nobile servo di un immondo padrone. E una "libertà" fittizia appiattita dall'omologazione del "politicamente corretto". Ogni individuo sostituibile come i componenti di un computer.

Perciò coloro che non possono partecipare all'etica del "godimento sempiterno", contribuendo alla costruzione della "torre", disabili, ammalati cronici, anziani non autosufficienti, possono essere "eticamente" rimossi dal mondo tramite eutanasia, "diritto al suicidio".

Quale altra "carta" fondamentale manca in questo castello di carte sbilenco?

La speranza.

Chi non può restare o trasformarsi in sano e "giovane" è facilmente destinato a soccombere, se la vita conta fino a quando corpo o mente non siano corrotti. Dopodiché, uno spirito vale quanto una lattina di birra schiacciata abbandonata sul marciapiede.

Senza la speranza di guarire da una malattia, di trovare l'amore vero, di allenarsi per bene per non stare sempre "in panchina" nella vita, ad esempio, non resta che la cupa disperazione, la voglia di morire, abbandonarsi all'oblio della autodistruzione.

Se devo dirla tutta, su ciò che sbigottisce in questa antropologia pazzesca, dirò che dietro vi sono uomini e donne in carne e ossa che inneggiano al male senza avere provato di persona la sofferenza fisica. Si autodefiniscono con orgoglio "matti" senza avere cognizione di cosa sia la malattia mentale.

Troppo comodo invocare il male a fin di bene purché a danno altrui.

Ma sappiatelo, infine. Il furbissimo principe dell'Abisso non renderà grazie per i servigi di costoro che si prodigano per un Nuovo Ordine Mondiale.

È questo l'aspetto più desolante di tutti.

(*) Articolo originariamente scritto nel 2010 e uscito in edicola nel numero 120 della rivista bimestrale NEXUS New Times (febbraio – marzo 2016).

(°) Aforisma simile fu snocciolato dal poeta Charles Baudelaire: "La più grande astuzia del diavolo è farci credere che non esiste".

✔ ALBERT EINSTEIN: UN LADRO DI GENIO

Albert Einstein oggigiorno è venerato come un semi-dio in quanto considerato l'"icona della scienza moderna". La sua faccia rugosa, i suoi capelli scompigliati da istrione sono diventati un simbolo del genio, e la "sua" celebre equazione: $E = mc^2$ è sinonimo di qualcosa di scientifico e di intellettuale.

L' equazione di $E = mc^2$ di Einstein, però, non sarebbe sua ma escogitata 2 anni prima da un matematico italiano autodidatta.

Numerose fonti riportano che la Teoria della Relatività da sempre collegata alla figura di Einstein, in realtà, non fu originariamente pubblicata da lui. Secondo Umberto Bartocci, docente presso l'Università di Perugia e storico della matematica, la famosa equazione fu diffusa da Olinto De Pretto ben due anni prima della pubblicazione delle equazioni di Einstein.

Albert ebbe una vita particolarmente inadatta a un genio dell'umanità. Basti rammentare lo strano suo rapporto con Mileva Maric, assai tribolato, ma quale unione coniugale non lo è, direte voi.

Il matrimonio con la serba Mileva, laureata in Matematica e Fisica, gli diede due figli. Tuttavia, la coppia fu sempre sull'orlo della separazione.

Einstein intraprese una relazione con la cugina Elsa Lowenthal durante un viaggio a Berlino nel 1912, per poi lasciare Mileva e i figli, a distanza di un paio d'anni.

Albert e Mileva, infine, divorziarono nel 1919, dopo che Einstein ebbe inviato alla consorte un elenco di "condizioni" in base a cui sarebbe stato disposto a restare sposato. La lista annoverava richieste autocratiche del tipo: *"Non dovrete aspettarvi alcuna intimità, né dovrete mai rimproverarmi in alcun modo."* Dopo il divorzio, Einstein vide poco i suoi figli. Il più grande, Hans Albert, in seguito considerò che *"probabilmente l'unico progetto abbandonato da mio padre, sono io."* Il figlio minore Eduard morì in manicomio, dopo una diagnosi di schizofrenia. Subito dopo il divorzio Einstein sposò Elsa, ma pochi anni dopo iniziò una relazione con Betty Neumann, la nipote di un amico.

Alcuni sospettano che l'opera di plagio di Einstein si sia estesa al lavoro di numerosi altri fisici. Una questione che continua a suscitare discussioni riguarda quanto egli trasse dal lavoro di Hendrik Lorentz e Henri Poincaré nel formulare la Teoria della Relatività Speciale. Alcuni elementi della teoria di Einstein del 1905 risultano identici a parti di alcuni documenti datati 1904 redatti da Lorentz e Poincaré.

Einstein sostenne di aver letto tali opere solamente dopo tale anno. Una prova apparentemente rivelatrice è che il documento di Einstein del 1905 non recava riferimenti, lasciando intendere che egli fosse consapevole di stare nascondendo qualcosa.

Nel corso degli anni, ci sono state diverse altre controversie sui contributi scientifici che gli avrebbero permesso di scoprire e rendere pubblica la formula rivoluzionaria nel 1905 e, tra di loro, si dice che siano stati particolarmente importanti gli studi del tedesco David Hilbert.

Hilbert presentò un articolo contenente le equazioni di campo della Relatività Generale cinque giorni prima di Einstein.

Lui presentò il proprio documento il giorno 25 novembre 1915 a Berlino, quando Hilbert aveva presentato il suo il giorno 20 novembre dello stesso anno a Gottinga. Il 18 novembre, Hilbert ricevette una lettera di ringraziamento da parte di Einstein, a proposito dello invio di una bozza di progetto che Hilbert aveva intenzione di presentare il giorno 20.

Quindi, David Hilbert aveva inviato una copia del suo lavoro a Einstein con almeno un paio di settimane di anticipo. Sicché il lavoro di Hilbert si trasformò nel capolavoro di Einstein. Hilbert morì nel 1943.

La scioccante rivelazione arriva dal matematico italiano e da un articolo del quotidiano britannico "The Guardian" che già anni fa aveva descritto la genesi della formula celeberrima della relatività (il tempo e il movimento sono relativi alla posizione dell'osservatore, se la velocità della luce è costante), altrimenti noto come $E = mc^2$.

Secondo quanto si dice, il 23 novembre 1903 il De Pretto, un industriale vicentino con la passione per la matematica, aveva pubblicato nella rivista scientifica Atte un articolo dal titolo *"Assunzioni dell'etere nella vita dell'Universo"*, nel quale sosteneva che *"la materia di un corpo contiene una quantità di energia rappresentata dall'intera massa del corpo, che si muoveva alla stessa velocità delle singole particelle"*.

Illustrazione 14: La Stampa, supplemento "Scienze" del 25/2/2000.

In breve, il famoso $E = mc^2$ spiegato a parole, anche se De Pretto non mise la formula in relazione con il concetto di relatività, ma con la vita dell'Universo.

Secondo la ricostruzione fatta dal professor Umberto Bartocci, questo difetto nell'ideazione di

De Pretto è stato il motivo per cui il significato dell'equazione non fu inizialmente compreso.

Solo qualche tempo dopo, nel 1905, lo studioso svizzero Michele Besso aveva messo in guardia sul fatto che Einstein avrebbe mutuato la sua idea dal lavoro fatto due anni prima dal De Pretto e le conclusioni a cui era arrivato, che il "geniale" fisico avrebbe poi fatto suo, ma senza dare alcun credito a Olinto De Pretto.

Tale è, ovviamente, la tesi di Bartocci, alla quale il professore ha dedicato anche un libro uscito nel 1999: "*Albert Einstein e Olinto De Pretto - La vera storia della formula più famosa al mondo*", dove è giustamente spiegato dalla teoria della "*contaminazione di Einstein*" di De Pretto, morto nel 1921. "*De Pretto non ha scoperto la relatività*", ha riconosciuto Bartocci, "*ma non c'è dubbio sul fatto che sia stato il primo a impiegare l'equazione. Sono anche convinto che Einstein abbia usato la ricerca di De Pretto, anche se è impossibile dimostrarlo*". In ogni modo, sarà difficile porre fine alla disputa come osserva Edmund Robertson, professore di matematica: "*Una grande parte della matematica moderna è stata creata da persone cui nessuno ha mai dato credito*, ha dichiarato Robertson al "Guardian", "*Einstein potrebbe aver avuto l'idea da qualcuno, ma le idee stesse arrivano da ogni dove*".

Olinto De Pretto merita sicuramente rispetto per gli studi che ha compiuto e il contributo importante che ha dato.

Un fatto indiscutibile è, concludendo, che il mondo è appannaggio dei più furbi, geniali o meno che siano.

✔ ALIENI, ANIMALI E ANGELI NELLA CONCEZIONE GEOCENTRICA

Ove si accertasse, oltre ogni ragionevole dubbio, che viviamo su di una Terra piatta e stazionaria, dovremmo cominciare a ragionare in maniera diversa. Essendo il mondo differente da ciò che ci è sempre stato insegnato, una rivoluzione di immani proporzioni divamperebbe spontanea in ogni recesso dello scibile umano.

Diverrebbe imprescindibile riposizionare l'essere umano, dal punto di vista filosofico, nell'Universo. Un cosmo non più infinito ed eterno bensì essenziale, racchiuso e concluso in un disco circondato dalle possenti mura di ghiaccio antartiche, sovrastato da una solida cupola vitrea sulla quale sono incastonate stelle brillanti.

Tuttavia, le questioni di fondo rimarrebbero immutate: chi l'ha creato? Qual'è il destino dell'umanità e delle altre creature viventi? Esistono entità intelligenti extra-umane?

Secondo alcuni esegeti la Bibbia, testo fondante le tre religioni monoteistiche, conterrebbe una vera e propria descrizione di una creazione da parte di Dio (o "dei"), della specie umana.

Taluni intendono avvalorare l'ipotesi dello intervento di una razza aliena nel senso etimologico del termine: estranea alla specie umana.

Fino dall'alba dei tempi, l'umanità alza gli occhi al cielo, colmi di stupore, domandandosi se esista un "Creatore".

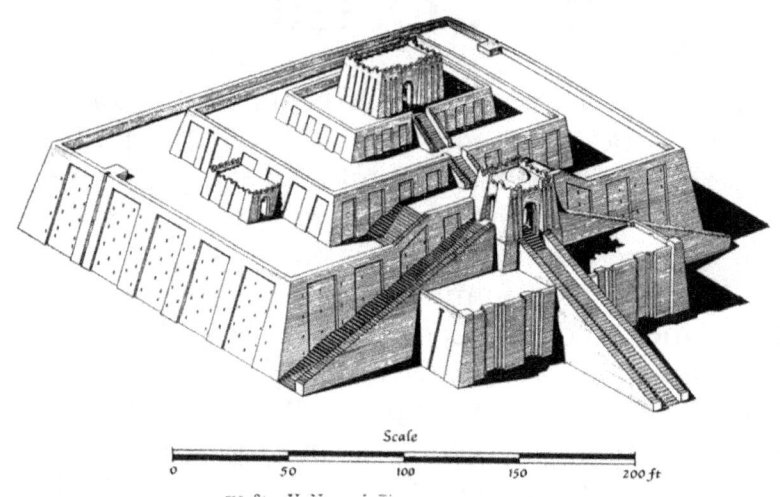

Illustrazione 15: rappresentazione artistica di una Ziggurat.

Dalla sommità dei loro templi astronomici, le ziggurat (Illustrazione 15), gli antichi popoli mesopotamici scrutavano attentamente il firmamento registrando i fenomeni degni di nota. L'accuratezza dei loro calcoli era tale che gli astronomi moderni fanno affidamento su di essi quanto sui calcoli eseguiti dagli elaboratori elettronici. La concezione del cosmo era legata alle apparenze che non potevano prescindere da una terra piatta come è l'attuale deserto iracheno dove pare fosse situata l'antica Babilonia. Gli egizi svilupparono conoscenze proprie, in parte mutuate dai popoli mesopotamici. La casta dei sacerdoti astronomi impiegava gli orientamenti stellari per definire la pianta degli edifici pubblici. Il Cosmo, per gli abitanti delle sponde del Nilo, non era tanto uno spazio da studiare, piuttosto da scrutare per ravvisarvi indicazioni e presagi da parte degli dei.

L'unica grande eccezione, a tale concezione cosmologica diffusa nell'antichità, furono i greci. Grandi filosofi si liberarono dai lacci della mitologia iniziando a vedere il mondo con una mentalità matematico-logica, sviluppando un approccio analitico alla natura che permise loro di postulare la Terra come una sfera di minori dimensioni di quella del Sole.

Viene tramandato dagli storici l'esperimento di Eratostene il quale, grazie alla misurazione della diversa inclinazione delle ombre proiettate da un bastone conficcato nel terreno, riuscì a calcolare la circonferenza del globo terrestre.

Una strabiliante descrizione di un incontro ravvicinato con "esseri" verosimilmente non umani si trova nel testo biblico.

Nel 580 a. C. viveva in un ghetto di Babilonia Ezechiele, uno dei più importanti profeti biblici, membro delle tribù israelitiche deportate qualche anno prima da parte di re Nabucodonosor dopo la presa di Gerusalemme.

Ezechiele, nelle sue visioni, menziona enormi "ruote" di materiale simile a topazio che si muovevano in cielo nella prima grande teofania (manifestazione di Dio) da lui descritta (Illustr..

16). Ruote l'una dentro l'altra, che potevano muoversi liberamente in tutte le direzioni. Possiamo immaginare avesse visto una macchina volante con disegni concentrici o un marchingegno con plessi dai movimenti rotatori coassiali. Si trattò forse di "dischi volanti" od "oggetti volanti non identificati"?

Ancora più famoso e certamente da Ezechiele meglio descritto, è il carro celeste. Egli, durante una delle sue peregrinazioni nel deserto, vive un'avventura straordinaria: fu testimone oculare di un prodigio. Un "carro celeste" si posa al suolo davanti ai suoi occhi; in cima ad esso egli scorge la figura, che di lì a poco gli avrebbe rivolto la parola. Nel testo biblico si legge: "*Il cinque del quarto mese dell'anno trentesimo, mentre mi trovavo fra i deportati sulle rive del canale Chebàr, i cieli si aprirono ed ebbi visioni divine*". Quello che Ezechiele vide era una entità con sembianze umane, avvolta da un alone di luce, seduta su un trono che poggiava su di un "firmamento" di metallo all'interno del "carro". Il veicolo stesso, che poteva dirigersi ovunque incluso sollevarsi verticalmente da terra, era descritto dal profeta come un turbine splendente. La frase "visioni divine" è generica, infatti, viene sempre tradotta in tal modo, ma la differenza sostanziale sta proprio nel testo originale dove è espressamente indicato il termine "Elohim" ovvero "Quelli dell'alto". Appare chiaro che il Profeta

Illustrazione 16: la Visione di Ezechiele, olio su tavola (40,7 x 29,5 cm) di Raffaello Sanzio e Giulio Romano, circa 1518 (Galleria Palatina, Firenze)

osservò una moltitudine di soggetti quando il "cielo si apre": "*Io guardavo ed ecco un uragano avanzare dal settentrione, una grande nube e un turbine di fuoco, che splendeva tutto intorno, e in mezzo si scorgeva come un balenare di elettro incandescente.*"

Ezechiele scruta un oggetto nel cielo che emette luce propria e che, fino a pochi decenni fa, sarebbe potuto sembrare inspiegabile. In ogni caso, oggigiorno, grazie alle maggiori conoscenze ingegneristiche, è facile comprendere che non si trattò di un evento fantasticato o per lo meno inspiegabile. Il profeta ci dice che questa grande massa di fuoco era posizionata nel mezzo, quindi quale termine migliore poteva trovare quest'uomo nel descrivere un sistema di propulsione? Cerchiamo ora di immedesimarci nella situazione che visse Ezechiele: un sacerdote israelita ha improvvisamente uno straordinario incontro con un "carro celeste", ma noi sicuramente lo avremmo identificato con la parola UFO. Non soltanto lo incontra, ma lo studia bene perché ne descrive la struttura, in cui lui riconosce "ali", "gambe metalliche", "ruote", uno scafo centrale e infine un essere posto sulla sommità, seduto su di un "trono" ("posto di pilotaggio?").

Nelle concezioni cosmologiche antiche, la superficie terrestre era considerata fissa e piana come una "faccia". Non vi poteva dunque essere posto per "alieni".

La teoria della Terra piatta ci pare oggi assurda e delirante. Tuttavia, i dibattiti sulla forma del mondo infiammarono le dissertazioni filosofiche più di quanto non fece il dibattito ontologico, trascinandosi fino all'inizio dell'epoca moderna che gli storici collocano alla "scoperta" dell'America.

Anticamente, esisteva la schiavitù dell'Uomo. Facile immaginare che la percezione degli animali fosse eminentemente strumentale alle esigenze umane. Nella Grecia classica, in Tessaglia le cicogne e le bisce in Argolide erano protette da leggi locali poiché considerate la migliore forma di controllo per vipere e roditori. Si ha notizia di individui che vennero condannati per avere maltrattato animali. L'unica cognizione era che essi possedessero un'"anima" da cui il termine latino "animal".

Uno dei grandi dibattiti dell'Umanesimo fu sulla essenza dell'Uomo.

Allora si riteneva che la sua natura fosse intermedia tra l'animale e l'angelo in quanto la specie umana è fisicamente animale ma elevata grazie all'intelletto.

Comunque, il dualismo anima/corpo rende l'Uomo in qualche modo più completo dell'angelo, che è puro spirito, in quanto l'essere umano per una sua pulsione interiore "tende" alla spiritualità. Ciò sosteneva Marsilio Ficino, filosofo toscano della seconda metà del XV° secolo. Dio e il corpo sono in natura le parti estreme e l'una diversissima dall'altra. L'Angelo non riesce a congiungerle, poiché si volge tutto a Dio e ignora il corpo. L'Uomo si ricongiunge a Dio disprezzando le cose temporali e desiderando le eterne.

Secoli dopo il pensatore fiorentino, il filosofo francese Henri Bergson effettuò una netta distinzione tra istinto, intelligenza e intuito. Per Bergson, l'istinto è tipico degli animali e si esplicita mediante la capacità di agire infallibilmente ma inconsapevolmente. L'intelligenza, tipica dell'essere umano, è invece la capacità di agire fallibilmente ma consapevolmente. Poi esiste l'intuito, che è riservato a pochi "iniziati" o "avatar", la cui essenza consente loro di agire con le medesime infallibilità dell'istinto e consapevolezza della ragione o coscienza.

A quei tempi, l'etologia non aveva raggiunto le conoscenze odierne. Oggi sappiamo che gli animali hanno, ad esempio, comprensione della morte, quella dei propri simili quantomeno. Le specie più evolute (scimpanzé, elefanti e cetacei) hanno percezione della mortalità esprimendo tale coscienza attraverso veri e propri "cerimoniali" e mediante vocalizzi ben precisi, quasi un "estremo saluto". Quindi, nel regno animale si rinvengono comportamenti classificabili come razionali più che istintivi accanto a un istinto talora fallace.

Anche se gli animali assomigliano a noi più di quanto ritenessero gli Umanisti del '400, oltre gli schemi di Bergson, in essi domina l'istinto a differenza di noi che agiamo anche in base ad una mente razionale di cui abbiamo cognizione. Non vi sono, però, chiese nelle foreste vergini o nelle profondità marine, dove celebrare funzioni religiose per ingraziarsi Dio. Gli animali sembrano non avere percezione di un oltretomba, non possiedono culti funebri, ne camposanti per seppellire i loro morti, nemmeno speculano su entità soprannaturali. È vero che ci sono cimiteri per animali ma quelli li predisponiamo noi per le nostre bestiole domestiche.

La condizione umana, invece, impone di speculare sulla finalità della vita. Abbiamo coscienza della nostra mortalità da cui la necessità innata di avere fede in una qualche credenza religiosa che fornisca la convinzione dell'eternità, o di una vita ultraterrena, che offra sollievo alla disperazione della morte. Perciò, umanamente, celebriamo il culto dei morti compiendo sepolture rituali, erigendo mausolei, consacrando cattedrali, pagode, moschee e sinagoghe. Fin da piccoli, noi sappiamo che un giorno dovremo passare a miglior vita. I sistemi filosofici, le istituzioni religiose, gli apparati scientifici paiono unicamente destinati ad allontanare l'angoscia della dipartita.

Dalla letteratura riguardante gli angeli, estrapoliamo che questi esseri eterei hanno totale intuizione di sé e coscienza della propria immortalità per cui non hanno bisogni materiali di sorta, sono privi di animalità essendo fatti di pura energia. Non supportando il fardello del corpo fisico sono esentati dal dovere di nutrirsi per mantenerlo in vita e dal compito di svolgere un'attività riproduttiva.

Ora, possiamo porci la questione sul dove si collochino gli "extraterrestri" nella gerarchia esistenziale discussa durante l'Umanesimo.

Secondo le descrizioni disponibili, vediamo l'icona classica dell'alieno appartenente ai "grigi" (Illustrazione 17); corpo mingherlino di bassa statura e completamente glabro. Gli occhi e la testa sono enormi in rapporto alla specie umana, presumendo una grande intelligenza, mentre la bocca è piccola e il naso fine. Sempre secondo la fisionomia canonica, le braccia sono lunghe e sottili e arrivano fino alle ginocchia. La muscolatura sembra atrofica se confrontata con quella umana. Evidentemente, la loro civiltà è talmente progredita da averli del tutto liberati dall'incombenza del lavoro fisico e ogni necessità materiale è soddisfatta tramite un'azione intellettuale il cui frutto è una tecnologia avan-zatissima.

Lo status esistenziale degli extra-umani sarebbe di umanoidi evolutissimi avendo abbandonato buona parte della loro natura animale. Dunque, l'alieno manifesterebbe più similitudine angelica dell'Homo sapiens, godrebbe di una maturità spirituale più elevata di quella raggiunta oggi dalla specie umana.

Talmente ingente da potersi estraniare dal corpo fisico divenendo esseri eterei. Sono note le testimonianze, in special modo rese sotto ipnosi, di uomini e donne addotti la cui mente e corpo sono stati controllati telepaticamente da esseri talora dall'aspetto piacevole, talora disgustoso.

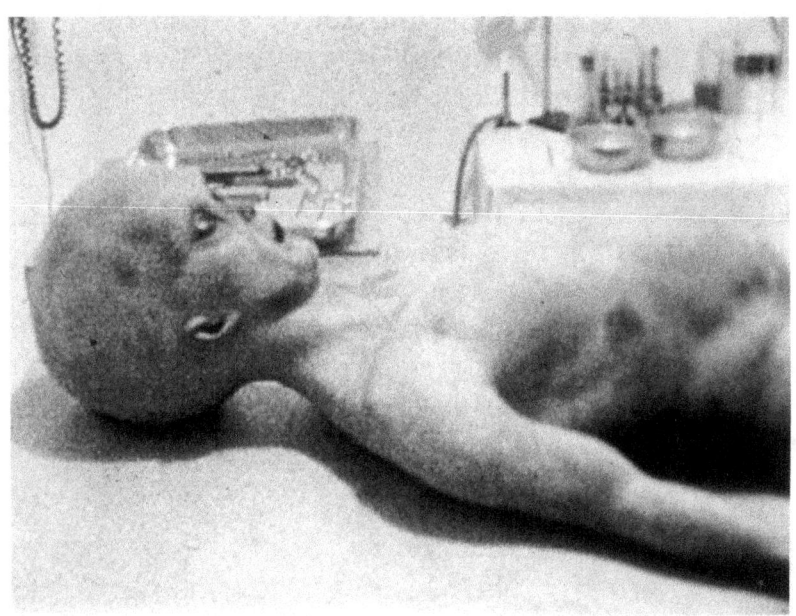

Illustrazione 17: fotogramma tratto dal filmato della famosa autopsia dell'alieno di Roswell. Reale, un demone, o un pupazzo?

Senza menzionare il macabro capitolo di corpi umani rinvenuti con bizzarre e inspiegabili mutilazioni. A guisa dei mai spiegati ritrovamenti di capi di bestiame squartati in maniera raccapricciante. Argomenti che perfino ufologi sfegatati mostrano remore nell'affrontare. (Illustrazione 18)

Nell'iconografia classica gli extraterrestri sono privi di organi riproduttivi visibili. Come si riproducono allora? Esistono due sessi o soltanto uno androgino? Forse essi non si riproducono affatto avendo raggiunto l'immortalità.

Molti assertori di una Terra piana teorizzano che gli alieni non esistano. In contrasto, negli anni, sono state registrate innumerevoli testimonianze di avvistamenti di misteriosi oggetti e veicoli nel cielo dalle forme inusuali e di incontri ravvicinati con esseri non umani.

Forse a beneficio della fantasia, li possiamo immaginare quali creature spirituali presenti qui da sempre disciplinando il dipanarsi della vicenda umana.

Se provenissero da meandri ipogei, sarebbero alieni ma non extraterrestri bensì "intraterrestri".

La comunità scientifica, in linea generale, tende a negare recisamente la loro esistenza.

Illustrazione 18: bovino rinvenuto orrendamente mutilato. Da chi?

Comunque, le culture umane contemplano la presenza di tali esseri. Può darsi in passato furono chiamati gnomi, elfi o folletti oppure scambiati per qualche bizzarro animale. Deteniamo un bisogno inalienabile di credere, come avviene per l'Aldilà, che essi esistano? Necessitiamo confidare nella presenza di "fratelli maggiori" più evoluti, benevoli forse e certamente più misericordiosi che ci facciano da "angeli custodi". Giungono davvero da un lontano pianeta per mezzo di dischi volanti?

Il principio di mediocrità sancisce che non vi è evidenza che la vita in generale, e l'evoluzione di forme di vita intelligenti, in particolare, sia una specificità o un'unicità terrestre. In tal caso, se esseri alieni devono esistere, perché non si mostrano agli umani, perché non intrattengono relazioni diplomatiche con i terricoli?

Forse loro ci ritengono dei fratelli minori ma pure "minorati" quindi da tutelare e non ancora pronti alla grande rivelazione. Può darsi considerino la Terra un giardino zoologico con i cui abitanti non si possono intrattenere relazioni diplomatiche. Non ci considerano all'altezza di fare la loro conoscenza. Un'espressione in voga durante l'Umanesimo recitava che l'umanità intellettualmente vede un po' più lontano perché siamo nani seduti sulle spalle dei giganti pensatori del passato. Siamo davvero noi dei nani seduti sulle spalle di "giganti" che occultamente guidano la nostra evoluzione culturale e tecnologica?

Se avessimo la prova assoluta, irrefutabile che gli alieni sono tra noi, ciò comporterebbe anche una rivoluzione filosofica d'immane portata quanto la riscoperta della forma della Terra.

Nelle descrizioni di Ezechiele e di altri visionari mai si accenna ad altri pianeti.

Però, le scritture sacre nominano spesso il Cielo e si esprimono al plurale parlando dei suoi abitatori.

I rappresentanti delle religioni più diffuse sono restii a trattare di intelligenze extra-umane. Però, papa Giovanni Paolo II ammise la possibilità di intelligenza extraterrestre, stando alla visione cristiana. Facilmente, le autorità governative e religiose avrebbero altrettanto interesse a smentire la verità per il timore di perdere il controllo sulla popolazione e del conseguente caos. Una rivelazione semi-ufficiale della reale forma della Terra o dell'esistenza di alieni inficerebbe il sistema di controllo "globale". Nell'attesa di risolvere il dilemma, facile ipotizzare che i conflitti economici e religiosi si arresterebbero.

Potrebbe sussistere comunque un'altra ipotesi plausibile per la quale gli alieni non si manifestano. Nel caso noi fossimo stati generati dalla loro avanzata ingegneria genetica incrociando primati antropomorfi, od ominidi, con le loro razze. Sarebbero dunque essi i nostri creatori.

Non è cosa facile incontrare il proprio Artefice: se così accadesse l'umanità chiederebbe immediatamente che sia il nostro genoma perfezionato e che venisse rimosso lo spettro che ci sovrasta. Il genere umano implorerebbe il dono della immortalità. Questo è davvero il più valido dei motivi per cui eventuali alieni non avrebbero interesse a rivelarsi.

In conclusione, gli alieni potrebbero essere una creazione fantastica, il frutto della nostra immanenza di credere in un qualcosa di soprannaturale. Se esistono in carne e ossa, essi sono stati creati dal medesimo Dio in un posto lontano o sono entità demoniache che sono sempre state qui. Oppure, essere terricoli ma provenienti da un mondo parallelo frutto del medesimo progetto pluridimensionale. Magari esistono in virtù di una convergenza cosmica e i governi cospirerebbero per tenerne nascosta l'esistenza non sapendo come affrontare la verità.

Ipotesi tutte affascinanti ma, finché non si avrà la prova inoppugnabile della loro realtà, ciò rimane pura accademia, un ozioso passatempo filosofico. Come discutere del sesso degli angeli.

✔ SONO STATO
ADDOTTO DAGLI UFO?
IL TEST PER SCOPRIRLO

Illustrazione 19: da dove provengono gli extraterrestri?

La classificazione degli *incontri con altre entità non terrestri* (IR) fu suggerita per la prima volta da **Josef Allen Hynek** (1910 - 1986) nel libro *The UFO Experience* del 1972:

LN **Luci Notturne**. Luci avvistate durante la notte, non riconducibili ad oggetti conosciuti, con traiettorie non convenzionali.

DD **Dischi Diurni**. Oggetti volanti osservati a distanza nel cielo durante il giorno con caratteristiche non convenzionali, a cominciare dalla forma: sferica, sigariforme, allungata, rettangolare, triangolare.... e dal moto: a foglia morta, accelerazioni e decelerazioni improvvise, virate impossibili da compiersi da tradizionali velivoli terrestri:

RV **Avvistamenti Radar Visuali**. Oggetto segnalato contemporaneamente sullo schermo radar e osservato ad occhio nudo. Questi costituiscono prova concreta di un oggetto fisico ed escludono la possibilità di allucinazioni o scherzi.

Eccovi la lista dei 5 tipi:

(1) **IR I** Incontri Ravvicinati del 1° Tipo Avvistamento dell'UFO a breve distanza (100-150 metri) con possibilità di osservarne molto bene le caratteristiche (rumori, suoni, oblò, antenne, cupole...

(2) **IR II** Incontri Ravvicinati del 2° Tipo Stesse caratteristiche di IR I, con l'unica differenza che l'OVNI interagisce con l'ambiente lasciando tracce visibili, quali buchi, bruciature, oggetti o disturbi di tipo elettromagnetico, per esempio.

(3) **IR III** Incontri Ravvicinati del 3° Tipo Oltre che l'oggetto volante, in questo tipo di incontro si scorge anche il suo occupante che può trovarsi all'interno o all'esterno del velivolo.

(4) **IR IV** Incontri Ravvicinati del 4° Tipo Ovvero le Abduction, cioè il rapimento dell'essere umano da parte dell'extraterrestre.

(5) **IR V** Incontri ravvicinati del 5° Tipo In questo caso il rapimento è finalizzato alla creazione di una razza ibrida umano-extraterrestre tramite rapporti fisici o manipolazioni genetiche.

Nota: IR IV ed IR V sono stati aggiunti in seguito alla classificazione stilata da Hynek.

Il fenomeno delle adduzioni (rapimenti) di umani da parte di esseri extraterrestri è uno dei risvolti più sconvolgenti e meno approfonditi della ufologia canonica. La grande maggioranza degli addotti non ricorda nulla perché, evidentemente, una parte preminente del trattamento subito consiste nella *cancellazione della memoria dell'evento.* Il motivo è intuibile: rimuovere il ricordo traumatico assimilandolo ad un "brutto sogno" serve a controllare i sequestrati che altrimenti impazzirebbero all'idea di essere presi contro la loro volontà in piena notte e portati dentro un UFO per essere esaminati. Le donne sono probabilmente sottoposte a tentativi di innesti artificiali per generare ibridi. Dopo qualche settimana sono riaddotte per prelevare gli embrioni.

Qui di seguito, un elenco di "sintomi" che potrebbero indicare di essere stati vittime di "attenzioni" a scopo scientifico da parte di razze aliene:

1. **SOGNI CATASTROFISTI** *Esperienze oniriche di cataclismi e di essere inseguiti nascondendosi vanamente.*

2. **PRESENZA SUL CORPO DI PICCOLE CICATRICI O PUNTI INSPIEGATI** *Presenza di 'ferite' rimarginate e punti di cui non c'è una spiegazione naturale.*

3. **IRREGOLARITÀ NELLA CRESCITA DI MEMBRA O ORGANI CORPOREI** *Ciò è probabilmente provocato dalla presenza di impianti.*

4. **ASSENZA DI VESTITI** *Ritrovarsi privi di qualche capo di vestiario senza ricordarsi dove e perché ce lo si è tolto.*

5. ***SANGUINAMENTO INSPIEGABILE DAL NASO*** *Fenomeni di epistassi dopo un episodio di adduzione.*

6. **PROBLEMI ALLA SCHIENA** *Conseguenze simili come se si fosse reduci da un'epidurale.*

7. IMPROVVISO INTERESSE NEGLI ALIENI E SENSAZIONE CHE "POTREBBERO VENIRE A CERCARMI" *Sensazione di avere a che fare con entità aliene che potrebbero venire in contatto con noi.*

8. RICORDO DI ESSERSI SVEGLIATI IN UN LUOGO AMENO SENZA SAPERE PERCHÉ CI SI TROVA LÌ. *Tipicamente si è tanto intontiti che si fila a letto dimenticando la cosa che affiora dopo un certo tempo.*

9. SENSIBILITÀ NEL CAPIRE COSA VOGLIONO LE PERSONE OLTRE LE LORO AFFERMAZIONI *Affinamento dell'intuitività percependo le vere intenzioni del prossimo.*

10. SENSO DI DISAGIO PSICOLOGICO SENTENDO QUALCUNO PARLARE MALE DI QUALCUN ALTRO *Una coscienza cosmica della unitarietà della vita nell'Universo.*

11. TEMPO MANCANTE *La sensazione di non sapere dove si è stati o cosa si è fatto un dato lasso di tempo ma di non di avere dormito.*

12. **INTERAZIONE CON MECCANISMI ELETTRONICI** *Interferenze avvicinandosi ad apparecchi radio TV, blocco di orologi digitali, malfunzionamento di computer e simili.*

13. **SCOTTATURE SOLARI** *Presenza di bruciature da tintarella senza crema protettiva, senza avere mai preso il sole in quel periodo, magari in pieno inverno.*

14. **CAPACITÀ PRANOTERAPEUTICHE E SENSITIVITÀ EXTRASENSORIALE** *Possesso di capacità di guarigione in vario grado e percezioni extrasensoriali di varia profondità.*

15. **IMPROVVISO ATTIVISMO SOCIALE** *Interesse nel volere aiutare a creare un mondo migliore lottando contro inquinamento e palesi ingiustizie e disinformazione.*

16. **RALLENTAMENTO NEL PROCESSO DI INVECCHIAMENTO** *Persone di 50 anni con capelli, pelle e baldanza da trentenni.*

Se vi identificate in una decina, o più, dei punti sopra elencati, avete molta probabilità di essere stati almeno una volta rapiti da extraterrestri a scopo di studio.

In tal caso, che fare?

Niente, non possiamo farci niente. Io di addotti ne ho conosciuto e la loro vita è normale, se non per il fatto di sapere che "loro" esistono e che sono tra di noi. La cosa che mi sono sentito rispondere alla domanda "*Se tornano a riprenderti?*" è stata "*Spero di non ricordarmelo*".

Quindi è necessario considerare l'adduzione come un'operazione chirurgica in anestesia generale alla quale non possiamo sfuggire da cui speriamo di riemergere rigenerati.

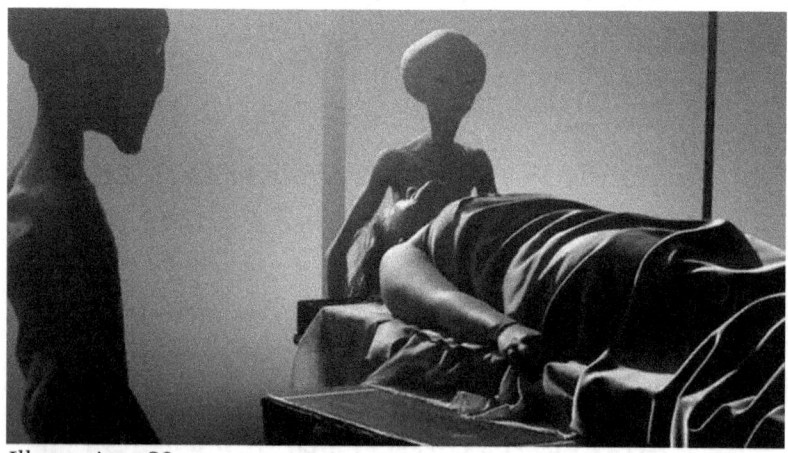

Illustrazione 20

✔ MORFOGENESI ED EVOLUZIONE UMANA: UN ESPERIMENTO DI "GENETICA DIGITALE"

Non ho mai creduto troppo alle teorie canoniche sull'evoluzione umana. Nulla è, infatti, più lacunoso e controverso della sistematica della nostra specie. Ritengo la filogenesi dell'uomo moderno quanto di più sbrindellato e inattendibile si possa immaginare. Sin da quando frequentavo l'università e seguivo le lezioni di antropologia e paleontologia umana per il programma di laurea in Scienze Naturali, avevo sempre preso col beneficio del dubbio ciò che mi veniva insegnato in materia. Il fatto che mi stupiva maggiormente, studiando la letteratura molto antica, greca e romana incontrata durante la mia carriera scolastica, consisteva nel verificare come l'intelletto fosse da sempre "moderno", non percepivo il progresso intellettivo come realistico. Da quando esiste la specie umana, a mio avviso, essa ha sempre avuto la medesima intelligenza. Sono state la scolarizzazione di massa assieme al perfezionamento nella medicina, come dimostrato da ricerche, a innalzare l'età anagrafica media, non un fattore evolutivo. L'intelligenza e la cultura sono due cose distinte, il semplice fatto che i membri di un gruppo o popolazione non mostrino propensione a elevare il proprio rango culturale non significa che essi siano dotati di minore ingegno. Gli appartenenti alle classi sociali agiate, beneficiando di una migliore istruzione e alimentazione, sono sempre vissuti fino a 70-80 anni anche migliaia di anni fa. Ad esempio i grandi filosofi greci, che pure non facevano spesso parte dell'aristocrazia, secondo i ragguagli storici vivevano come i maschi attuali. Talete di Mileto, primo pensatore presocratico vissuto 2700 anni fa, campò forse fino a 90 anni od oltre. La Bibbia ebraica, un testo d'indubbio pregio letterario e filologico, fu messa insieme a iniziare da 3400 anni fa riunendo decine di libri ancora più arcaici presumibilmente vergati da anziani sapientissimi. Se poi, secoli fa vi era un'alta mortalità infantile nei paesi evoluti, essa è "compensata" oggi dai decessi precoci causati dall'uso di sostanze stupefacenti e incidenti stradali oltre a malattie derivanti da alimenti trattati chimicamente. Accanto a ciò, per quanto concerne gli adulti, secoli fa erano scarse le morti riconducibili al tabagismo e all'inquinamento che originano patologie un tempo quasi sconosciute. Per di più, ho sempre trovato bizzarro che gli esseri umani siano apparentemente nudi, privi di peluria visibile se non sulla testa, in faccia solo i maschi, e in prossimità degli organi genitali. Insolito anche che i peli della barba e i capelli crescano per tutta la vita a differenza di ciò che avviene in ogni altra scimmia antropomorfa. Di conseguenza, ci dovremmo chiedere, se la specie umana si è evoluta veramente con corpo nudo, per quale motivo senta il bisogno di coprirsi con vestiario per resistere al freddo e non abbia sviluppato una "pelliccia" naturale. Ancora, come mai gli esseri umani si coprono per la vergogna della nudità?

La risposta potrebbe risiedere in alcuni antichissimi testi pervenuti ai giorni nostri, fra cui racconti biblici e sumero-arcadici ritenuti sacri o meno, in cui troviamo narrazioni che paiono descrizione d'ibridazione tra "alieni" e ominidi terrestri, avvenuta in più stadi. Gli Elohim per gli ebrei o anunaki, così chiamati dai sumeri, avrebbero impiegato l'ingegneria genetica per creare un umanoide spurio, chiamato "adam" ("terrestre" in ebraico), generando ceppi umani dotati di capacità speculativa simile alla loro. Dagli scritti conosciuti, non si capisce da dove provenissero costoro, ma si ritrovano diversi riferimenti al "cielo".

Questi esperimenti sembrano avessero generato inizialmente stirpi di giganti esadattili (nella Bibbia chiamati *Nephilim*). Strutture megalitiche preistoriche sono sparse in varie parti del mondo i cui elementi litici sono talmente grandi e possenti da neanche riuscire a calcolare esattamente quanto pesano, tanto che nessuna gru moderna è in grado di sollevarli, per cui non si capisce come quelle colossali pietre siano state sagomate e trasportate nei luoghi ove si trovano oggi. Esempi ne sono gli enormi complessi presenti a Puma Punku e Tiahuanaco in Bolivia

Illustrazione 21: i blocchi megalitici di Sacsayhuamá (Perù).

Illustrazione 22: enormi blocchi di roccia perfettamente squadrati e levigati a Puma Punku in Bolivia.

o Sacsayhuamá in Perù, modellati nella diorite, la roccia più dura esistente dopo il diamante, e le colossali pietre di Baalbek in Libano. Questi imponenti blocchi, su cui i romani edificarono un tempio a Giove del quale sono assai più antichi, pesano forse più di mille tonnellate ciascuno. Rimane inspiegabile come uomini alti in media 150 cm appena usciti dall'età delle caverne, possano avere avuto la forza per scalpellare con abilità rocce tenacissime e trasportare megaliti di peso incommensurabile in cima a montagne. La piramide di Cheope in Egitto è costituita da 2,5 milioni di blocchi di durissima roccia, alcuni dei quali pesanti 70 tonnellate. Come diamine la hanno edificata?

Forse susseguenti sperimentazioni da parte degli oscuri artefici portarono alla creazione di prototipi umani con durata di vita di centinaia di anni come i Patriarchi citati nelle scritture sacre. Oppure, tramite variazioni, i manipolatori ottennero altre specie umane di cui vi è rimasta traccia. Il più intrigante ritrovamento fossile è *Homo floresiensis*, l'uomo di Flores in Indonesia, che visse fino a soli 10 mila anni prima di Talete. Era alto solo 1 metro da adulto, un corpo in miniatura, una capacità cranica minore di uno scimpanzé e caratteristiche fisiche in netta controtendenza evolutiva. Forse un altro esempio d'ibridazione? Molti suoi resti sono misteriosamente scomparsi poco dopo il ritrovamento come sembra sia avvenuto più volte per resti di esseri umani giganti.

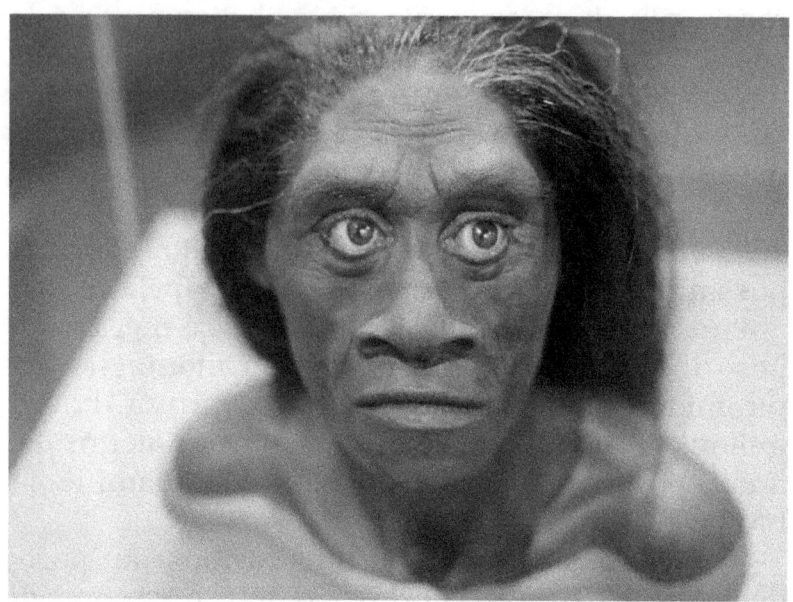

Illustrazione 23: ricostruzione del volto di Homo floresiensis

In 200 mila anni di mutamento, le dimensioni del cervello umano sono raddoppiate. Troppo poco, in termini di evoluzione, per un così grande cambiamento. Gli ominidi, dall'Australopiteco di 4 milioni di anni fa nelle sue varie forme, all'*Homo habilis* e *Homo erectus*, possedevano una capacità cranica compresa tra i 500 e i 1000 cc. Mentre l'uomo di Neanderthal (*Homo sapiens neanderthalensis*), considerato una forma estinta di Homo sapiens, è accreditato di una capacità cranica fino a 1700 cc superiore perfino a quella della specie attuale di 1500 cc. L'*H. erectus* sembra fosse coevo dei primi neandertaliani quindi difficile ritenere un'evoluzione diretta da una specie all'altra, la specie nuova in linea filetica di solito soppianta la vecchia da cui deriva. Tuttavia è arduo fornire oggi una interpretazione univoca del concetto di specie. I primati più simili all'uomo (scimpanzé, gorilla, orango) possiedono 24 coppie di cromosomi nel

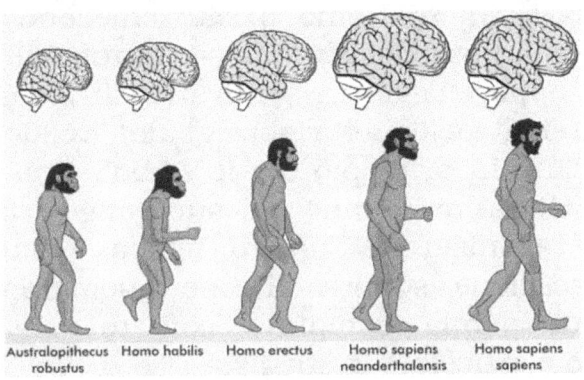

Australopithecus robustus   Homo habilis   Homo erectus   Homo sapiens neanderthalensis   Homo sapiens sapiens

Illustrazione 24: evoluzione della capacità cranica negli ominidi.

loro corredo genetico e noi 23. Dal punto di vista evolutivo questo è un "salto" che rasenta l'incredibile, se non si sospettasse un intervento ingegneristico sui geni, tramite la manipolazione di DNA da parte di entità con conoscenze biochimiche e genetiche avanzatissime.

Analizzando il genoma umano, si scopre pure che a livello del cromosoma 2 esiste la giunzione tra due cromosomi che riduce il numero da 24 a 23 negli esseri umani rispetto ai primati. E se i nostri presunti creatori avessero intenzional- mente ridotto il numero di cromosomi per evitare che gli ibridi s'incrociassero fertilmente con la vecchia specie "imbastardendo" la nuova?

Nell'ipotesi d'ibridazione tra entità extra-terrestri e ominidi, quale di questi è il più candidabile? Quasi certamente Homo erectus, secondo gli antropologi vissuto tra gli 1,8 milioni di anni fa e scomparso improvvisamente circa 250 mila anni or sono il quale assomigliava molto all'attuale genere Homo. Lecito chiedersi quanti cromosomi possedessero questi antropoidi. Erano pelosi oppure glabri, sentivano il bisogno di ricoprirsi di pelli per ripararsi dal freddo o per pudicizia? "In principio era il Verbo". Con queste parole Giovanni comincia il suo vangelo facendo risalire all'inizio del nostro tempo. Quando la comunicazione sonora di tipo onomatopeico è divenuta parola compiuta con un significato astratto e articolato in frasi?

Non ci è dato saperlo.

Evidenze genetiche e paleoantropologiche indicano che l'uomo moderno (*H. sapiens sapiens*) compare improvvisamente tra i 200 mila e i 150 mila anni fa in Africa orientale da un ristretto numero d'individui fondatori del gruppo in base alla teoria dell'"Eva mitocondriale". Dal continente nero attraverso l'Asia e l'Europa poi egli conquista tutte le terre emerse in poche decine di migliaia di anni. Studi recenti mostrano che il cromosoma X femminile è più simile a quello delle scimmie antropomorfe del cromosoma Y maschile: potrebbe significare che "qualcuno" avrebbe modificato degli spermatozoi maschili per fonderli con gli ovuli femminili ottenendo un essere genotipicamente diverso. Come pare di capire da esegesi sempre più convergenti degli antichissimi scritti, gli elohim intendevano ottenere lavoratori-schiavi più efficienti per i loro scopi il cui risultato sarebbe l'umanità attuale. Questi "alieni" (etimologicamente "estranei", "stranieri") avrebbero introdotto il loro materiale genetico in quello di ominidi maschi che abitavano la Terra dopodiché fecondando le femmine di quella specie generando una prole più simile a loro. Il DNA (acronimo inglese di acido desossiribonucleico), la cui doppia elica fu scoperta da Watson e Crick per cui ricevettero il premio Nobel, è una molecola la quale contiene una chiave o "codice d'istruzioni" che sottende allo sviluppo e funzionamento di ogni essere vivente. A sua volta il DNA replica se stesso in modo da ripresentarsi in ogni cellula vitale. In particolare, nelle cellule ovulo femminili e spermatozoo maschile, quando si fondono a formare il nuovo essere vivente, metà dei caratteri fisici, riuniti in cromosomi, arriverà dal padre e l'altra metà esatta dalla madre.

Dunque, ogni individuo eredita per metà i caratteri paterni e per metà i caratteri materni. Può darsi che gli sperimentatori forestieri avessero prelevato dello sperma maschile umano integrandolo attraverso una manipolazione artificiale con il loro. Non potevano provvedere essi stessi alla fecondazione, che avrebbe prodotto feti così diversi, interspecifici, poiché sarebbero sorti problemi all'atto dell'insediamento

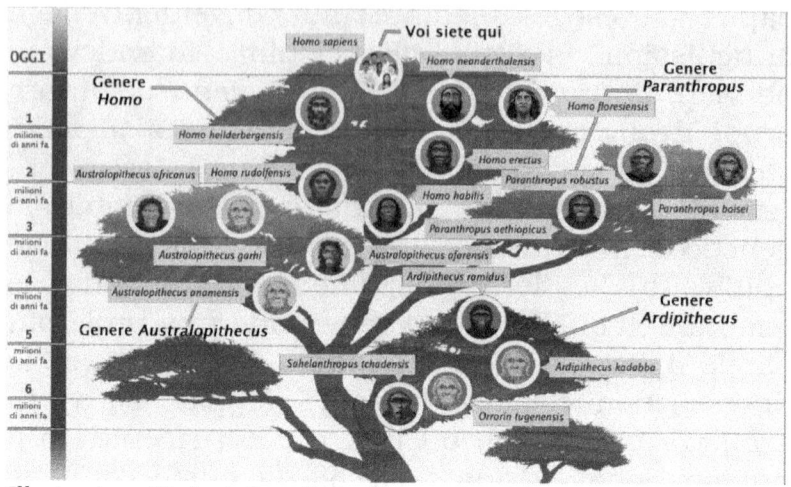

Illustrazione 25: ipotetico albero filogenetico del genere umano.

dell'embrione nell'utero materno delle femmine di *H. erectus* procurando aborti e moria delle gestanti. A meno di non ritenere, come affermato alcuni, che siano esistite placente artificiali per lo sviluppo degli embrioni, poi dati alla luce, in ambiente extrauterino dentro un "acquario" colmo di un surrogato del liquido amniotico.

Comunque, non avrebbero potuto creare un archetipo troppo "extraterrestre" poiché non sarebbe sopravvissuto non adattato al clima della Terra, non avrebbe resistito alle malattie privo di un sistema immunitario specifico. Ogni evenienza, peraltro, non elimina la necessità delle cure parentali che provvedano allo sviluppo psicofisico del neonato poi del bambino e infine dell'adolescente. Si può formulare l'ipotesi secondo cui gli alieni procedettero per tentativi poiché produrre una nuova popolazione d'individui interfecondi i quali si riproducano e accudiscano la prole, intervenendo in ogni momento, non è cosa facile. Ottenere un ibrido o un clone è immensamente più semplice che generare un'intera popolazione con la psicologia individuale, la sua emotività sociale e la necessità di una solidarietà generazionale tra i membri del gruppo. In caso contrario, la popolazione finirebbe per non riprodursi, disperdersi o proliferare insufficientemente estinguendo la specie quasi istantaneamente su scala evolutiva. I 10 Comandamenti e le Tavole della Legge, comuni alle tre grandi religioni monoteistiche, secondo la tradizione consegnate a Mosè sul monte Sinai, avrebbero potuto servire verosimilmente come "regolamento etico" per la nuova gente capace anche di leggere, scrivere e proferire parola.

Non esistendo resti di creature extraterrestri studiati ufficialmente è irrealizzabile un confronto diretto fra i parametri antropometrici o comparare direttamente il DNA tramite mappatura genica. Tuttavia ci sono immagini e descrizioni delle fattezze e fisionomia del viso dei "grigi", e in letteratura esistano anche riferimenti a misteriosi crani xenomorfi che si potrebbero tranquillamente ascrivere a esseri alieni. Teschi non solo che hanno una forma notevolmente anomala ma che sfoggiano suture (giunzioni) e disposizione delle ossa craniche molto differenti rispetto alla specie umana attuale. Analisi genetiche condotte di recente su un particolare cranio chiamato Starchild (Ill. 34), ritrovato in Messico, hanno svelato che i geni di quell'individuo contengono sequenze di DNA completamente umane alternate a sequenze assolutamente diverse appartenenti a nessuna specie conosciuta. Possibilmente una prova incontrovertibile d'ibrido alieno-umano.

Ricostruzioni dell'aspetto che potevano avere avuto gli erectus in base ai ritrovamenti di scheletri sono abbastanza affidabili. Occorre precisare, comunque, che la locuzione Homo erectus è una convenzione che riunisce diversi ritrovamenti fossili tra cui Pitecantropi, Sinantropi, Megantropi ed anche di alieni ne vengono descritte diverse tipologie.

A questo punto può venire in mente di compiere un esperimento fantasioso. Grazie alle moderne tecniche del "morphing" ("trasfigurazione compu-terizzata") si può "ibridare" visivamente ciò che dei geni misti dovrebbero esprimere dal punto di vista fenotipico, cioè dal mero punto di vista dell'aspetto esteriore.

Mi sono procurato due immagini tipiche di alieni, etichettate **A1** (da alcuni ritenuta autentica) e **A2**, poi ho recuperato due ricostru-zioni scientificamente attendibili dell'aspetto di *Homo erectus* maschi etichettate **H1** e **H2**. Utilizzando un sito gratuito online per la tecnica del morphing, ho provato a combinare la fotografia **A1** con l'immagine **H1** di *Homo erectus* ottenendo l'immagine **A1H1**, così per le altre ottenendo le figure **A1H2**, **A2H1** e **A2H2**. Si è detto che l'apporto genetico extraterrestre

Illustrazione 26: **A1**

Illustrazione 27: **A2**

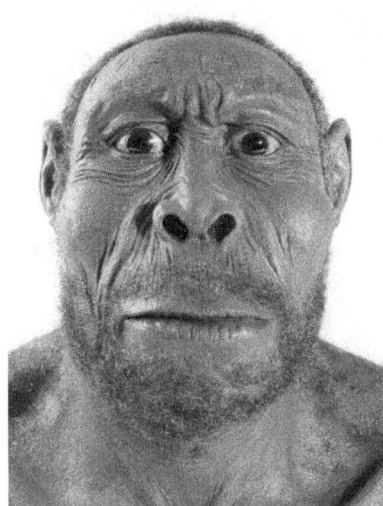

Illustrazione 29: **H2**

Illustrazione 28: **H1**

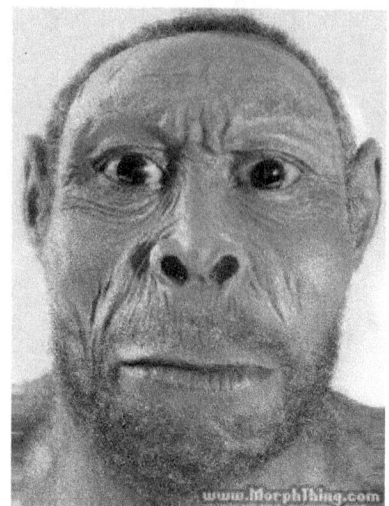

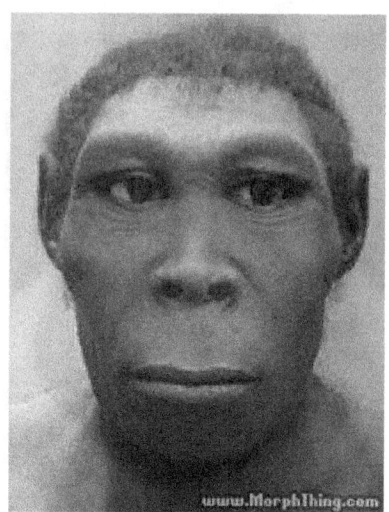

Illustrazione 30: **A1H1**　　　　*Illustrazione 31:* **A1H2**

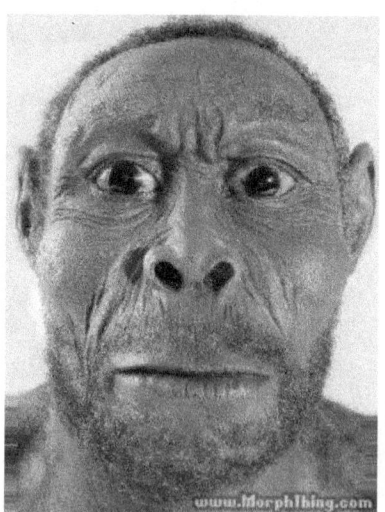

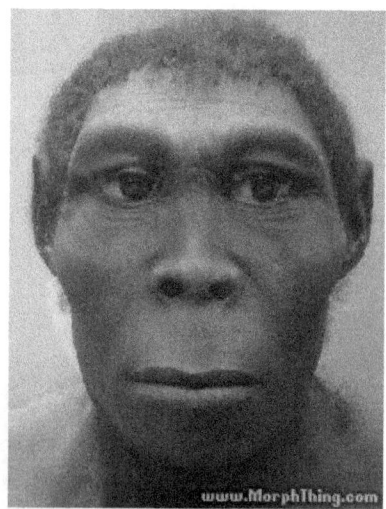

Illustrazione 32: **A2H1**　　　　*Illustrazione 33:* **A2H2**

78

deve essere stato di volta in volta minimo per rendere adattabili gli incrociati all'ecosistema terrestre per cui le immagini non costituiscono in verità la media d'interpolazione matematica tra alieno e umano ma essa è notevolmente spostata verso l'ominide "erectus". Come si può osservare, sia le proporzioni generali della testa sia la fisionomia del viso negli "incroci digitali" ricordano molto da vicino l'aspetto degli esseri umani attuali, semplicemente aggiungendo un quid fenotipico di extraterrestre al faccione degli erectus. Non è un effetto singolare?

Si tratta ovviamente di un'argomentazione empirica senza alcuna pretesa di scientificità. Ad esempio, non distingue l'ibridazione digitale tra analogia e omologia ossia una potenziale convergenza evolutiva che potrebbe rendere casuali eventuali somiglianze o dissomiglianze. Nonostante ciò, e curiosamente, l'incrocio ideale tra un *Homo erectus* e un "alieno grigio" produce una sembianza abbastanza simile all'umanità odierna in cui perfino la mistura di colore della pelle risultante, tra il brunastro e il grigio chiaro, tende al rosaceo.

Si tratta di un gioco, una canzonatura basata su immagini di cui non si ha alcuna certezza, al più uno stimolo alla riflessione sull'origine della nostra specie. Sicché, pure se l'Homo sapiens fosse stato concepito con la manipolazione genetica partendo da un ominide che a malapena sapeva appiccare il fuoco, rimarrebbe intatta la questione fondamentale per cui noi esistiamo.

Qualora gli extraterrestri fossero davvero i nostri creatori, ciò solo sposterebbe un po' più in alto la faccenda ineludibile, il pungente interrogativo di noi "scimmie cosmiche", cui schiere di filosofi e scienziati hanno tentato inutilmente di dare soluzione. Da dove veniamo, chi ci ha creati?

Quando l'antropoide è diventato umanità? Sentendo la necessità di coprirsi con vestiti, di fabbricare utensili per trasformare la natura, di accendere luci onde svolgere attività notturne invece di dormire. E di trascrivere le preziose nozioni che scaturiscono dalla mente dei saggi serbandole per le generazioni future. Tali quesiti, immanenti e necessari, tuttora sfuggono a una risposta conclusiva al pari della domanda risolutiva, ovverosia: perché abbiamo bisogno di porci tutte queste domande?

Sintesi delle caratteristiche di *H. erectus:*

x *Evoluto sulla Terra*
x *Vita media 30 – 40 anni?*
x *Altezza 150 cm circa*
x *Pelle presumibilmente scura e rugosa*
x *Corporatura forte e robusta, peso 80 kg?*
x *Corpo peloso tranne chiazze di pelle nuda*
x *Collo massiccio*
x *Capacità cranica 1000 cc o meno*
x *Ossa craniche possenti con tori e creste*
x *Impiego di tecnologia a livello di strumenti litici con impiego del fuoco*
x *Fronte bassa e sfuggente*
x *Cavità orbitali di piccole dimensioni*
x *Volta cranica bassa*
x *Naso largo e pronunciato*
x *Padiglioni auricolari prominenti*
x *Labbra grandi e carnose*
x *Mascella sviluppata e mento prognato*
x *Apparato masticatorio robusto*
x *Occhi piccoli e ravvicinati*
x *Sopracciglia pelose ed estese*
x *Dimorfismo sessuale*

Sintesi delle caratteristiche di "alieno dei grigi":

✗ *Evoluto in un luogo extraterrestre*
✗ *Presumibilmente ultracentenario*
✗ *Altezza 100-120 cm*
✗ *Pelle liscia di colore grigio chiaro*
✗ *Corporatura esile e fiacca, peso 30 kg?*
✗ *Corpo glabro*
✗ *Collo piccolo*
✗ *Cranio molto sviluppato con capacità cranica elevata*
✗ *Ossa craniche sottili senza asperità ossee*
✗ *Impiego di elevatissima tecnologia capace di viaggi interstellari*
✗ *Fronte alta e spaziosa*
✗ *Cavità orbitali di enormi dimensioni*
✗ *Volta cranica alta*
✗ *Naso piccolo e fine*
✗ *Orecchi fessurali senza padiglione auricolare*
✗ *Labbra piccole e sottili*
✗ *Mascella ridotta con mento piccolo e sfuggente*
✗ *Apparato masticatorio ridotto*
✗ *Occhi grandi e distanti*
✗ *Sopracciglia glabre e non distinguibili*
✗ *Non paiono esservi differenze morfologiche tra i sessi*

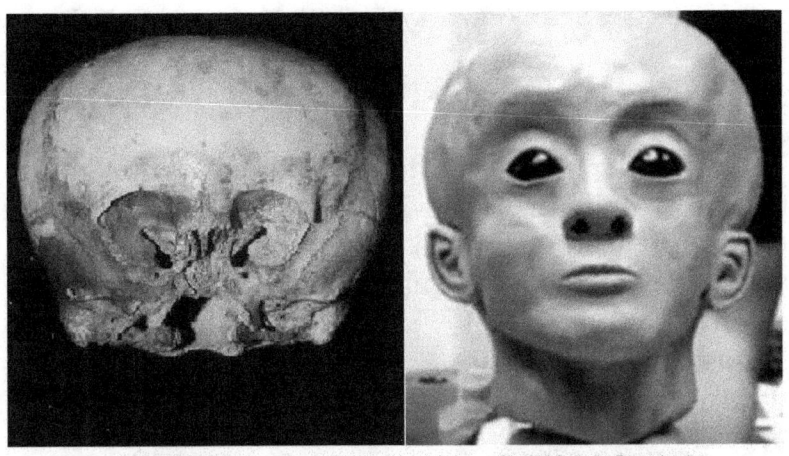

Orignal Starchild Skull   www.ufoblogger.blogspot.com   Starchild Skull after Reconstruction

Illustrazione 34: a sinistra: cranio xenomorfo denominato Starchild. Si ritiene vecchio di 900 anni. A destra: ricostruzione del probabile aspetto in vita. Interessante notare come anche in questo caso ci sia la rassomiglianza a un incrocio tra alieno grigio e ominide.

✔ IL MACABRO CAPITOLO DELLE MUTILAZIONI UMANE

Molti investigatori del fenomeno UFO sono titubanti nell'affrontare la scottante questione dei rapimenti e uccisioni di esseri umani da parte di entità non-terrestri. Infatti, è alquanto scomodo dovere ammettere la verità: che non esistono soltanto le mutilazioni animali ma che gli esseri umani sono "trattati" al medesimo modo delle bestie.

Sono centinaia, solo in Italia, le persone che svaniscono nel nulla ogni anno e vengono ritrovate, prima o poi, prive di vita ma cosa sia realmente successo non viene mai accertato.

Ecco una lista di indizi che potrebbero fare sospettare che una persona sia stata vittima di un sequestro da parte di entità aliene e restituita deceduta in circostanze rivelatrici:

* La scomparsa avviene solitamente in luoghi ameni e isolati, spesso durante le ore notturne talvolta sotto il naso di amici o parenti senza lasciare traccia alcuna.

* Il cadavere viene rinvenuto, quando si rinviene, in un punto vicino o meno al luogo della scomparsa. Talora è già stato battuto palmo a palmo durante le ricerche.

* Il corpo viene ritrovato in una posizione altimetrica più elevata rispetto al posto della scomparsa, sovente in luoghi

inaccessibili, come picchi montuosi o scogliere, in genere vicino a un corpo idrico.

- Sovente, l'autopsia non riesce a trovare segni di traumi e stabilire la causa della morte. Viceversa, in altri casi, vi possono essere mutilazioni inesplicabili inflitte con strumenti sconosciuti dalla precisione chirurgica.

- Fra le mutilazioni, vi possono essere "fori" praticati sulle braccia e in altre parti del corpo. Mutilazioni comuni: asportazione chirurgica della lingua, di orecchi e di uno o entrambi gli occhi, escissione delle labbra. Il cadavere può essere rinvenuto decapitato o privo di lembi o arti interi.

- Il cadavere è seminudo o completamente nudo o con alcuni capi di vestiario mancanti, indossati alla rovescia o alla rinfusa. Gli indumenti assenti (esempio le scarpe) non vengono spesso ritrovati o sono recuperati in zone distanti e inaccessibili.

- Il cadavere può presentare fratture ossee come se fosse stato lasciato cadere da una notevole altezza ma la causa primaria di morte non viene determinata con esattezza.

- Di frequente, quando avvengono i rapimenti, il tempo atmosferico peggiora sensibilmente rendendo difficili le ricerche per molti giorni.

- La ricostruzione effettuata dagli inquirenti, riguardo alla sparizione e morte, appare implausibile se non del tutto inattendibile. Talora, i risultati della autopsia vengono segretati senza apparenti motivazioni.

Nel dibattito sulla "terra piatta" questi fatti rientrano nell'opera di entità demoniache intraterrestri ossia operanti sulla superficie, atmosfera e sottosuolo. Le autorità competenti, secondo la teoria, svolgono un sistematico depistaggio con la connivenza dei mezzi di comunicazione di massa nel camuffare questi eventi. Essi sono rubricati come suicidi, incidenti stradali causati da "pirati della strada" o altre spiegazioni "vendibili" alla pubblica opinione.

Negli episodi di mutilazione di donne, che sovente interessano gli organi genitali, si fa riferimento nelle cronache a presunte vendette di "ex fidanzati" che, successivamente, vengono regolarmente scagionati.

Se fate mente locale, sono certo, qualche caso simile nella vostra zona vi tornerà in mente con facilità.

Sono molti gli episodi di sparizioni di persone che lasciano adito a dubbi come il caso di Pamela Mastropietro. La 18 enne fu uccisa a Macerata il 30 gennaio 2018. Unico accusato per lo stupro e l'assassinio della ragazza fu uno spacciatore nigeriano 30 enne di nome Innocent Oseghale.

Nel febbraio 2019 iniziò il processo a suo carico

Illustrazione 35: Pamela Mastropietro (ma è poi lei?) con la madre. Fonte: www.corriere.it.

concluso con la condanna all'ergastolo.

Nella illustrazione 35, Pamela Mastropietro con la madre, a sinistra, la quale a sua volta appare con evidenza essere un ibrido. Pare che l'ibridazione alieni-umani segua linee filetiche ben precise.

Pamela mostra in viso i tratti tipici degli ibridi: (illustrazione 36) occhi grandi, naso fine, carnagione chiara, labbra sottili, mento piccolo.

C'è un altro elemento piuttosto significativo: la assoluta mancanza di sangue, (similmente alle mutilazioni bovine). Il giornale quotidiano Libero ci informa infatti: *"C'è meno ottimismo invece per capire se ci sia stata anche una violenza sessuale, visto che il corpo di Pamela è stato "ripulito" con litri e litri di candeggina, rendendo*

Illustrazione 36: Pamela Mastropietro, manifesta tratti del viso caratteristici degli "ibridi alieni-umani" (Illustrazione 41).

ancor più complesso il lavoro dei medici." Sono stati, inoltre, asportati chirurgicamente i tessuti del collo, i giornali sostengono per nascondere le prove dello strangolamento!

Il nigeriano "Innocente" è uno dei troppi africani che bighellonano in Italia, lo impiegano come facile capro espiatorio, tra qualche tempo sarà scagionato per mancanza di prove e la pratica sarà archiviata dal magistrato come in tutti questi casi.

I mezzi di comunicazione di massa a fatica riescono a "coprire" con continue notizie fasulle la verità sulla fine della ragazza.

Sempre più indizi portano al rapimento e alla mutilazione da parte di entità extraumane. Fra i particolari ulteriori:

(a) Il macabro ritrovamento vicino a un corso d'acqua. (le "2 valige" è un falso)

(b) La mancanza di alcuni organi interni, asportati e non più ritrovati.

(c) In particolare, gli organi genitali nelle donne.

(d) La assenza di indumenti e, scommetterei, le scarpe pure sono mancanti, altro elemento ricorrente.

(e) La rimozione "scientifica" ("chirurgica") degli organi. Le mutilazioni umane sono inferte con strumenti .sconosciuti, verosimilmente bisturi laser.

(f) Sembra che il fegato sia stato asportato con la ragazza ancora viva. Altro elemento caratteristico e non facilmente riproducibile delle mutilazioni aliene. Si tratta di vivisezione in senso letterale.

Il resto della storiella raccontata dagli inquirenti è risibile. La ragazza aveva paura degli aghi e sarebbe entrata in farmacia per acquistare una siringa. Non ha l'aspetto di una che si faceva di eroina, invece, di una che sapeva di essere una addotta.

Ovvio, che poi i tre delinquenti africani sono semplicemente stati coinvolti, in quanto spacciatori, per reggere la narrazione del delitto legato al consumo di stupefacenti.

Altri casi, finiti ripetutamente sulla stampa in Italia, ci sono stati in anni recenti. La scomparsa di Sarah Scazzi di Avetrana (TA), la

Illustrazione 37: A destra, Sarah Scazzi non assomiglia alla cugina Sabrina Misseri colla quale è ritratta. Invece, pare la sorella di Pamela Mastropietro (Illustrazione 36).

quindicenne svanita nel nulla il 26 agosto 2010. Interminabili processi hanno portato alla condanna definitiva all'ergastolo di alcuni parenti per il reato di omicidio volontario premeditato.

Giulia di Sabatino di Tortoreto in provincia di Teramo è un altro caso emblematico (Illustrazione 38). I resti della diciottenne Giulia, il cui cadavere smembrato fu trovato all'alba del 1° settembre 2015 sull'asfalto dell'autostrada A14, tra Giulianova (Teramo) e Mosciano presentavano caratteristiche peculiari: l'asportazione di alcune parti del corpo è caratteristica riscontrata spesso in questi casi. Può darsi siano episodi di rapimenti alieni con mutilazione dei corpi.

O che altro? Omicidi rituali a sfondo esoterico camuffati con una patina ufologica?

Illustrazione 38: Giulia Di Sabatino.

Anche per lei nessun mandante, nessuna spiegazione, solo false piste. La ragazza fu ritrovata orrendamente mutilata sul ciglio di una autostrada.

Meno frequenti ma presenti sono notizie quali questa: ragazzi e ragazze che scompaiono misteriosamente e vengono ritrovati deceduti in circostanze sovente riconducibili a situazioni simili fra loro. Si cita spesso la possibilità della presenza di un "assassino seriale". Tra di queste, il ritrovamento vicino a un corso d'acqua e la

Illustrazione 39: Marco Sossi, tratti da ibrido alieno.

assenza di alcuni indumenti o essi indossati alla rinfusa o alla rovescia. Naturalmente, l'aspetto più comune a questi episodi è l'assoluta mancanza di colpevoli, gli inquirenti brancolano nel buio finché l'incartamento dell'indagine viene archiviato causa mancanza di elementi per procedere.

Un altro caso "da manuale" è la scomparsa di Marco Sossi di Borgo san Giacomo (BS) che lavorava come mandriano nella vicina Genivolta

(CR). Un giovane 29enne trovato morto in una roggia senza scarpe. Sossi si stava recando al lavoro, con la sua bicicletta elettrica, alle 3 e mezza di lunedì 20 marzo 2017 per la mungitura mattutina.

Nonostante la scarsità di fonti giornalistiche , il caso presenta chiari elementi che indicano un rapimento alieno:

(a) L'assoluta mancanza di un movente tale da giustificare l'ipotesi di un omicidio o di un suicidio.
(b) La scomparsa notturna priva di testimonianze.
(c) Il rinvenimento vicino a un corso d'acqua, uno dei tanti canali della zona.
(d) L'assenza di alcuni indumenti (in questo caso le scarpe). Se una persona ha un malore e si accascia a terra improvvisamente, le scarpe non svaniscono nel nulla.

La Mastropietro era palesemente un ibrido e sapeva di esserlo. Molti di loro (forse tutti) intuiscono che prima o poi subiranno rapimenti e una probabile fine atroce, vivisezionati e poi scaricati in un fosso mutilati. Per questo la ragazza aveva problemi psicologici, gli ibridi posseggono una intelligenza e sensibilità di molto superiori alla norma.

Bisogna capire chi sono questi "alieni" autori di delitti efferati nella più totale impunità.

Ma quella è un'altra storia.

Illustrazione 40: Yara Gambirasio di Brembate Sopra (BG) e Sarah Scazzi (a destra). Il cadavere di Yara non è stato mai visto da alcuno, probabilmente non è mai stato ritrovato. Il punto preciso del ritrovamento presunto fu perlustrato molte volte nei mesi precedenti senza risultati. Il terreno in cui sarebbe stata trovata appartiene a "forestieri", gente sconosciuta in zona. Tutto ciò fa pensare che il ritrovamento dei resti della bambina sia stata una messa in scena.

Illustrazione 41: gli individui ibridi esibiscono elementi caratteristici nella fisionomia: lineamenti delicati, carnagione chiara, grandi occhi, naso fine, labbra sottili e mento piccolo.

✔ LE INAFFERRABILI "VERGHE VOLANTI"

Secondo gli studi statistici e sistematici più recenti, le specie animali sul pianeta Terra ammontano a 8,7 milioni (*). Un'ampia percentuale, ancora da quantificare con esattezza, appartiene alla Superclasse degli Esapodi, come gli zoologi denominano gli Insetti. Attualmente, il numero delle specie del gruppo note supera il milione e, ogni anno, vengono descritte, attraverso le pubblicazioni entomologiche specializzate, fra le 6000 e le 8000 nuove specie. Alcuni entomologi azzardano una stima da 3 a 5 milioni di specie di insetti ancora da classificare, ossia da scoprire ex novo.

Nel Regno Animale, sono il gruppo che ha avuto indubbiamente il maggiore successo evolutivo. Essi hanno occupato praticamente tutte le nicchie ecologiche disponibili sulle terre emerse: gli Insetti vivono anche in acque dolci e salmastre mentre non è loro riuscita la colonizzazione degli ambienti ad acqua salata.

Nel record paleontologico, gli insetti sono noti sin dal periodo Devoniano, 350 – 400 milioni di anni fa. Probabilmente evolutisi da forme, simili agli attuali miriapodi ("centopiedi" e "millepiedi"), note come Sinfili (Illustrazione 42, *Scutigerella immaculata*).

Illustrazione 42: Scutigerella immaculata, un centopiedi da giardino.

Le forme alate compaiono improvvisamente nel Carbonifero, ovvero 300 – 350 milioni di anni or sono. Sono state proposte diverse teorie sull'origine delle ali negli esapodi. Ma, come per gli uccelli, la funzione vitale ad esse attribuita è quella di sfuggire alla predazione. Di certo, essa ha fornito loro un vantaggio determinante nella radiazione adattativa del taxon (gruppo sistematico) rispetto ad altri invertebrati terrestri.

La mobilità aerea ha enormemente allargato l'areale e la possibilità di procurarsi cibo rispetto a un insetto attero, cioè privo di ali. Una specie volante può, ad esempio, risalire una collina in pochi minuti mentre un bruco, che striscia per terra, può impiegare giorni o settimane di faticoso cammino.

Oltre alla fuga, la possibilità di nascondersi da eventuali predatori offre un ulteriore vantaggio. Il mimetismo rappresenta la principale soluzione adattativa alla necessità di celare la propria presenza.

La più comune forma di mimetismo è quella criptica, vale a dire confondere le proprie forme e colori con quelli dell'ambiente circostante. L'esempio più evidente e ovvio è rappresentato dalla colorazione verde di molte specie, sia vertebrate che non.

Un mimetismo più sofisticato ed efficiente è quello dei camaleonti e dei cefalopodi (Polpi e Seppie in particolare) i quali, grazie alla capacità di mutare la pigmentazione cutanea, sono in grado di adattare il proprio colore a qualsiasi substrato o ambiente in cui si trovino.

Alcuni insetti adottano un mimetismo strutturale. Per sfuggire ai predatori, hanno sviluppato, nel corso dell'evoluzione, un aspetto simile a quello di rami secchi o foglie.

Una forma particolare di mimetismo è il mimetismo batesiano. Il naturalista inglese Henry Walter Bates notò che vi sono insetti privi di ogni forma di difesa. Essi imitano, e per questo sono chiamati "mimi", l'aspetto di specie diverse ma fornite di "armi" dissuasive, come veleni o secrezioni sgradevoli, quindi non appetibili o temute dai predatori. Questi tipi vengono detti "modelli".

Il mimetismo mülleriano (dal biologo tedesco Fritz Müller) si manifesta come stretta assomiglianza fra specie filogeneticamente lontane ma ugualmente non appetibili; in questo caso, le specie hanno assunto un aspetto reciprocamente simile ottenendo un vantaggio condiviso: i predatori, fatta l'esperienza con l'esemplare di una specie, rispettano anche i rappresentanti delle altre riconoscendole preventivamente come incommestibili (Illustr. 43).

Illustrazione 43 mimetismo mulleriano.

Per definizione, nell'evoluzione darwiniana, vi è una costante gara tra preda e predatore per perfezionare, rispettivamente, la capacità di evitare la predazione e di predare.

L'invisibilità assoluta, unita ad una sorta di "intangibilità", potrebbe essere definita come la forma somma di mimetismo.

Potremmo prendere in considerazione l'esistenza di un animale talmente mimetizzato da essere visibile solo con apparecchi di acquisizione immagini? Un insetto presente quasi ovunque, da tempo immemorabile, ma scoperto solamente da pochi anni?

Non parlo di esseri microscopici o di un insetto che vive nei recessi di profonde caverne oppure all'ombra di montagne inaccessibili. Si tratta di animali lunghi decine di centimetri che si spostano tanto velocemente da non essere visti a occhio nudo.

In teoria, al modo in cui non percepiamo il movimento di un proiettile sparato da una pistola, un insetto abbastanza veloce diventa invisibile agli occhi di un possibile predatore. Ciò necessiterebbe di un "sistema di navigazione" estremamente evoluto per evitare di scontrarsi con ostacoli.

Lo scopritore delle "flying rods" ("verghe volanti"), che in inglese vengono chiamate anche "skyfish" ("pesce del cielo") o semplicemente "rods", sembra sia stato *Josè Escamilla*. Il 5 marzo 1994, egli fotografò casualmente queste entità ritenendole, in prima battuta, un artefatto introdotto dal sistema di ripresa. Un insetto o un uccello che, volando velocemente di fronte all'obbiettivo, generava un'immagine informe.

Tuttavia, ad una più attenta analisi, vide che si trattava di un fenomeno peculiare. Appare essere un'anomalia ottica rintracciabile anche in vecchie fotografie o filmati d'epoca. Secondo Escamilla, che da allora studia a fondo il fenomeno, si tratta di esseri extra-dimensionali che appaiono e scompaiono a tratti come fantasmi. (Illustrazione 44, 45 e 46)

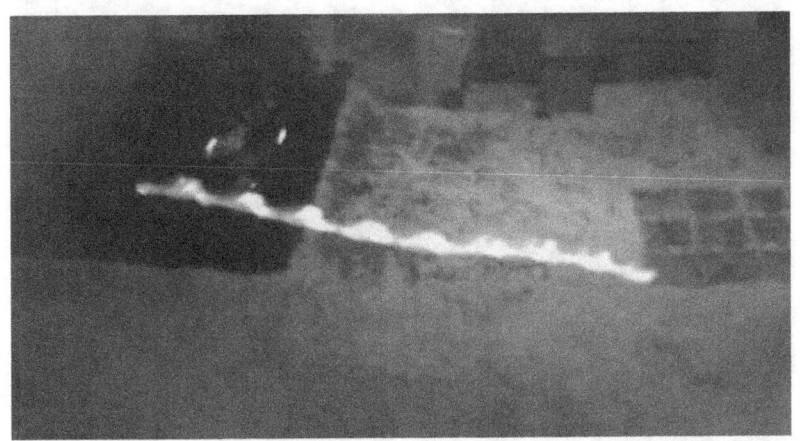

Illustrazione 44

Illustrazione 45

Illustrazione 46

Quale migliore forma di occultamento che eclissarsi "in un'altra dimensione"?

Si riscontra, per una curiosa coincidenza, la presenza di strani "vermi alati" o strutture simili anche nel cinema fantastico. Ad esempio, nel caso di Hyiao Miyazaki, il noto regista giapponese di cinematografia d'animazione.

Per qualche strano motivo, in alcuni film del maestro nipponico, appaiono curiose macchine volanti simili a insetti e dotate di serie multiple di ali (Illustrazione 47). Assomigliano straordinariamente alle rod.

Le rod potrebbero, a tutti gli effetti, essere considerate "UFO" in quanto "oggetti volanti non identificati". Lunghe da pochi centimetri a due

Illustrazione 47

metri, sono provviste di un "corpo" cilindrico apparentemente sinuoso. Sono flessibili e si muovono ad una velocità tale da non essere visibili in condizioni normali a occhio nudo.

Alcune "specie" sembrano essere dotate di numerose paia di ali distinte mentre gli insetti alati conosciuti ne hanno solo uno o due. Certi individui sono "corti", dotati di poche paia di ali, forse si tratta di stadi giovanili.

Altre paiono possedere una plica alare continua e sembrano nuotare nell'aria: in tal caso, un sistema propulsivo che rammenta quello dei molluschi Nudibranchi o dei Cefalopodi decapodi come la Seppia: una sorta di "membrana" ondulante sul piano mediano sagittale del corpo (raffrontare Illustrazione 48 con Illustrazione 49, *Chromodoris annae*).

Le "ali" sembrano essere trasparenti e vengono evidenziate solo in particolari condizioni di luce rispetto all'apparecchio che le riprende. Solamente quando il filmato viene rivisto al rallentatore, tali "UFO" possono essere osservati in modo soddisfacente.

Telespettatori, dalla vista particolarmente acuta, hanno avvistato rod anche in registrazioni di spettacoli televisivi e film. Più facilmente, vengono immortalate anche da apparecchi a raggi infrarossi. Di recente, un operatore australiano avrebbe misurato la velocità di un esemplare, ripreso tramite infrarossi, pari a 388 km/h, ovvero a 108 metri al secondo. Superiore ad un treno ad alta velocità.

Come gli invertebrati più evoluti, la loro struttura sembra essere metamerica: una costituzione particolare dell'organismo con ripetizione di parti che comprendono le stesse unità funzionali. Gli insetti conosciuti sono formati da tre parti (capo, torace e addome) le quali, a loro volta, sono composte da numerosi segmenti denunciando una chiara struttura metamerica all'origine. Singolarmente, gli ipotetici insetti alati primitivi chiamati *protopterigoti* avrebbero posseduto una struttura somigliante alle odierne rod.

Le "verghe volanti" sono state rilevate sovente in luoghi ameni o in prossimità di cunicoli o caverne. Senza pressione evolutiva, dovuta a variazioni ambientali, queste forme potrebbero essere rimaste immutate per centinaia di milioni

Illustrazione 48

*Illustrazione 49: Chromodoris annae, un mollusco
nudibranco.*

di anni.

Procedendo nel ragionamento, giungiamo alla questione più sconcertante di tutte: se questi animali esistono e sono invisibili in vita, come mai non si trovano resti di esemplari morti? Inoltre, data la loro vertiginosa velocità, perché non avvengono "incidenti di volo" con questi esseri?

Pare che in passato ci siano stati resoconti di strani oggetti a forma di bastone nei cieli. Ma se questi animali sono lunghi decine di centimetri, perché non sono talora visti a occhio nudo, neppure da persone dotate di una vista particolarmente acuta?

La ragguardevole velocità può essere una giustificazione che, in parte, può spiegarne l'"invisibilità".

Il moscone verde, comunissimo vicino alle stalle, tocca "solo" i 70 Km/h eppure è quasi impossibile distinguerlo in volo. Consideriamo che gli insetti, non a caso, hanno riflessi dieci volte più veloci dei nostri, vivono in una dimensione "ad alta velocità". Se un'ape entrasse in un cinema, potrebbe distinguere i singoli fotogrammi del film. Questo è anche il motivo per cui è difficile catturare insetti con le mani poiché la loro velocità di reazione è molto superiore alla nostra.

Immaginiamo un piccolo organismo che potesse volare a centinaia di chilometri orari. Sarebbe totalmente invisibile a occhio nudo e forse il suo sistema nervoso avrebbe doti inimmaginabili.

Gli animali che si nutrono di insetti in volo, per citare, non usano la vista, non basterebbe: il pipistrello ricorre alla eco-localizzazione, la rondine o il succiacapre volano direttamente con il becco aperto oppure si limitano a catturare insetti "lenti" come le falene o le mosche comuni.

Eppure, qualche strana storia di incontri ravvicinati con le "verghe" ogni tanto emerge.

Daniel "Dan" Bethel è un musicista americano, testimone di un evento curioso avvenuto durante la sua infanzia.

Nel 1980 aveva sette anni e trascorreva l'estate con la famiglia ad Altruras in California. Un giorno, stava giocando col fratello minore Joe, di 4 anni, a chi lanciasse più in alto gli oggetti. Gettavano in aria pietre, zolle di terra e pezzi di legno presi dalla legnaia della loro abitazione estiva.

Mentre gareggiavano a chi gettava più in alto pezzi di legno, Daniel vide che il suo lancio, all'apice della parabola, cambiò direzione come spostato da una improvvisa forte folata di vento. I fratelli si guardarono in faccia stupefatti e, quando Dan rivolse lo sguardo verso il basso per raccogliere un altro legno, videro qualcosa muoversi sul terreno.

Scorse uno strano animale lungo circa 30 centimetri per 15 di larghezza, con un corpo cilindrico spesso un dito e due specie di ali che correvano lungo tutto il suo corpo più allargate a livello mediano.

Raccolse il bizzarro essere e notò che, al tatto, aveva una consistenza flaccida e viscida simile a un alga marina appena tratta fuori dall'acqua.

Pure simile a un calamaro appena pescato. Grande circa come un pallone da rugby sgonfio, Dan intravide una bocca con dentelli che sembravano un filtro o simili a quelli di una lampreda. Le espansioni alari erano trasparenti. Riguardo al colore del corpo, quando lo raccolse gli era sembrato color legno ma quando volò via gli sembrò bianchiccio.

Col fratello decisero, infantilmente, di gettare in aria l'animale per vedere se potesse volare. Al secondo tentativo, esso s'involò. Fece un paio di giri attorno ai due bambini, i quali riuscirono a sentirlo emettere un tenue ronzio. Quando si allontanò definitivamente, non riuscirono più a seguirlo con lo sguardo tanto volava velocemente.

Dopodiché i fratelli corsero in casa ad avvisare la madre che, inutilmente, tentò di correggerli dicendo loro che avevano, forse, colpito inavvertitamente un uccello o un grosso insetto e non un "pesce" come lo definirono sul momento i due.

Quella vecchia reminiscenza infantile scosse Dan Bethel quando, un paio di decenni più tardi, comparve il dibattito sulle rod che egli associò immediatamente a quel lontano ricordo. Tracciò anche un disegno dell'animale (Disegno 1).

Arduo emanare un giudizio riguardo a questa testimonianza anche se appare attendibile.

Per rispondere alla domanda fondamentale sull'essenza delle rod, potremmo azzardarci a pensare l'impensabile. Ritenere che questi esseri siano, in effetti, animali extra-dimensionali, che abbiano raggiunto la capacità di migrare in un'altra dimensione per sfuggire ai predatori e scorrazzare liberamente ovunque, senza essere visti da animale vivo.

La nicchia ecologica è il modo in cui una specie si è specializzata all'interno di una comunità naturale onde procurarsi le risorse di cui necessita per la propria esistenza. La specializzazione permette a due o più specie di coesistere all'interno di una comunità senza entrare in competizione. In senso lato, la nicchia ecologica comprende lo spettro totale degli adattamenti di un animale al suo peculiare ambiente.

È possibile immaginare follemente che una o più specie, simili ad insetti per analogia od omologia, per salvaguardare la propria longevità specifica abbia trovato il modo di disegnare un nuovo areale, non geografico bensì dimensionale. Riprese con telecamere ad alta velocità hanno mostrato che alcune rod sono falene, o altri grossi insetti, così veloci da essere "catturati" dalle normali videocamere più volte nello stesso fotogramma.

La teoria è che molti insetti battano le ali in modo talmente rapido che in un singolo fotogramma appaiono in diverse istanze successive creando un "effetto rod".

Gli insetti presentano una velocità variabile nel battere le ali: da 2 battiti al secondo, nel caso di alcune grandi farfalle tropicali, a oltre i 1000 battiti al secondo dei moscerini della frutta (genere *Drosophila*).

Le telecamere comunemente in commercio riprendono alla velocità di 25 o 30 fotogrammi al secondo. È stato misurato che un dittero del genere *Chironomous* effettua 650-700 battiti alari al secondo. Quindi, durante l'esposizione di un singolo fotogramma questo insetto batte le ali una ventina di volte. In un altro genere di dittero, *Forcipomyia,* è stata misurata la strabiliante frequenza di 1046 battiti al secondo vale a dire, in un singolo fotogramma, batte le ali 35-40 volte. In ogni caso, ciò non spiega come alcune immagini di "verghe volanti" sembrino ritrarre chiaramente oggetti uniformemente definiti e non forme "ectoplasmatiche" di insetti derivanti da registrazioni a velocità inferiore rispetto a quella degli insetti medesimi.

Nugoli di falene attirate da un faro rassomigliano alle rod quando fotografate.

Questi esperimenti, tuttavia, sono controversi e taluni paiono frutto di un "debunking" atto a dimostrare che le rod sono un fenomeno, in realtà, perfettamente spiegabile.

Nel dubbio amletico, il discorso filosofico sulle "verghe volanti" non muta di molto, sia che si tratti di esseri "tangibili" o "extra-dimensionali". Esisterebbe un intero mondo di insetti che non ci disturba, non ci tocca, che non ci preoccupa semplicemente perché sono troppo veloci per essere osservabili dai nostri occhi. Si tratterebbe di un caso di ordinaria cripto-zoologia, peraltro sorprendente.

Non sono solo i microbi a non potere essere visti, ma pure sciami di velocissimi insetti. Ciò non cambierebbe il valore della scoperta: ovvero che siamo circondati da una moltitudine di creature che non siamo in grado di vedere, quindi di dominare.

Un poco, anche questa costituirebbe una nuova dimensione.

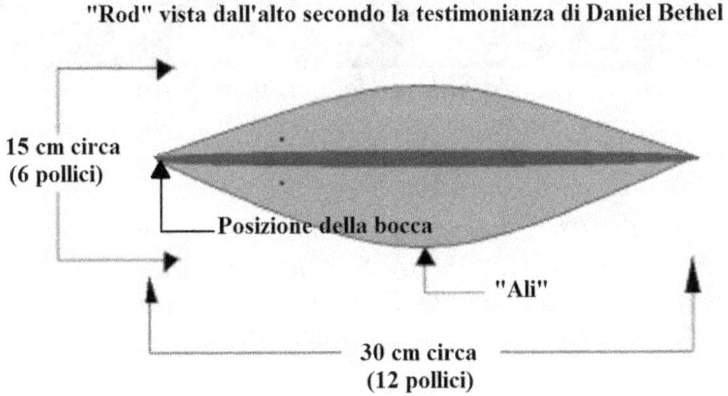

"Rod" vista dall'alto secondo la testimonianza di Daniel Bethel

15 cm circa
(6 pollici)

Posizione della bocca

"Ali"

30 cm circa
(12 pollici)

Disegno 1

Illustrazione 50: rod s'affollano davanti una luce artificiale.

(*) Mora C., Tittensor D. P., Adl S., Simpson A. G. B., Worm B. (2011). How Many Species Are There on Earth and in the Ocean? PLOS Biology – 23 August, in POLS collections: http://www.ploscollections.org/

QUADERNO DUE

➤ Le prove schiaccianti

✔ L'ENIGMA DELLA CURVATURA TERRESTRE

Cresce l'interesse nel dibattito internazionale sulla Terra Piatta, ossia la possibilità che la Terra non sia una sfera di 40 mila km di circonferenza bensì un disco da 100 mila km (?) di perimetro, delimitato da un anello di ghiacci perenni chiamato Antartide. La cosa che m'incuriosisce è il riferimento costante alla beffa della Luna come prova tangibile della impossibilità dei viaggi spaziali.

Rimane il fatto che alcune prove della piattezza terrestre sono plausibili. Una delle quali, è la possibilità di vedere città costiere e luci di fari marini ben oltre quanto la curvatura terrestre dovrebbe consentire.

Secondo l'equazione per una sfera di 40 mila km di circonferenza, ad esempio, a 15 km, l'orizzonte dovrebbe essere "affondato" già di oltre 17 metri. Perciò, a quella distanza, una discreta barca a vela dovrebbe divenire invisibile dal livello del mare. Ma non è così.

Si elenca un gran numero di situazioni in cui questa regola è violata. Ci sono alcuni casi italiani di isole "impossibili" a vedersi dalla Liguria secondo il calcolo curvilineo. Si sa anche che, in particolari condizioni meteo, il monte Etna è visibile da Palermo distante ben 160 km in linea d'aria. Un controsenso? Uno scherzo della natura quali sono i miraggi?

Stando ai numeri, la curvatura terrestre dovrebbe essere più accentuata dell'apparenza. Ho già osservato in un precedente post che la teoria di una terra piatta si scontra ineluttabilmente con il cosmo. Come spiegare maree, meteoriti e "stelle cadenti"? Peraltro, la NASA e gli enti spaziali di tutto il mondo non hanno ancora saputo spiegare come faccia la ISS (Stazione Spaziale Internazionale) a transitare indenne in mezzo agli sciami meteorici che ciclicamente colpiscono la Terra.

Illustrazione 51: l'arcipelago toscano fotografato da Genova.

Si è detto e ridetto che dalle alture sopra Genova, in particolari condizioni meteorologiche (Illustrazione 51), si scorgono l'arcipelago toscano e la Corsica. Ora, ciò come si commisura alla sfericità terrestre? La formula matematica per il calcolo è la seguente:

$$(D^2 \times 8) / 100 = R$$

Avendo:

D = *distanza in km tra l'osservatore e il punto osservato.*

R = *numero di metri dietro cui l'orizzonte è "affondato" causa la curvatura della Terra.*

Per un calcolo più accurato bisogna sottrarre a R l'altitudine in metri da cui viene effettuata l'osservazione.

Nella Tabella 1 sono riportate alcune misure campione.

Impiegando un qualunque sito web che misura le distanze geografiche, lascio voi l'incombenza di risolvere l'equazione. In altre parole, stabilire di quanto l'isola d'Elba, Capraia, Corsica e Gorgona dovrebbero essere sotto la linea dell'orizzonte, se fotografate dalla costa ligure.

Qual è la soluzione del mistero?

Esempio: in riferimento alla Illustrazione 51, la distanza fra il monte Fascie (un'altura sopra Genova) e l'isola d'Elba è di circa 213 km in linea d'aria.
Ovvero: $(213^2 \times 8) / 100 = 3630$ metri. Tangente la circonferenza terrestre, l'orizzonte a 213 km dovrebbe essersi abbassato di oltre tremilaseicento metri.

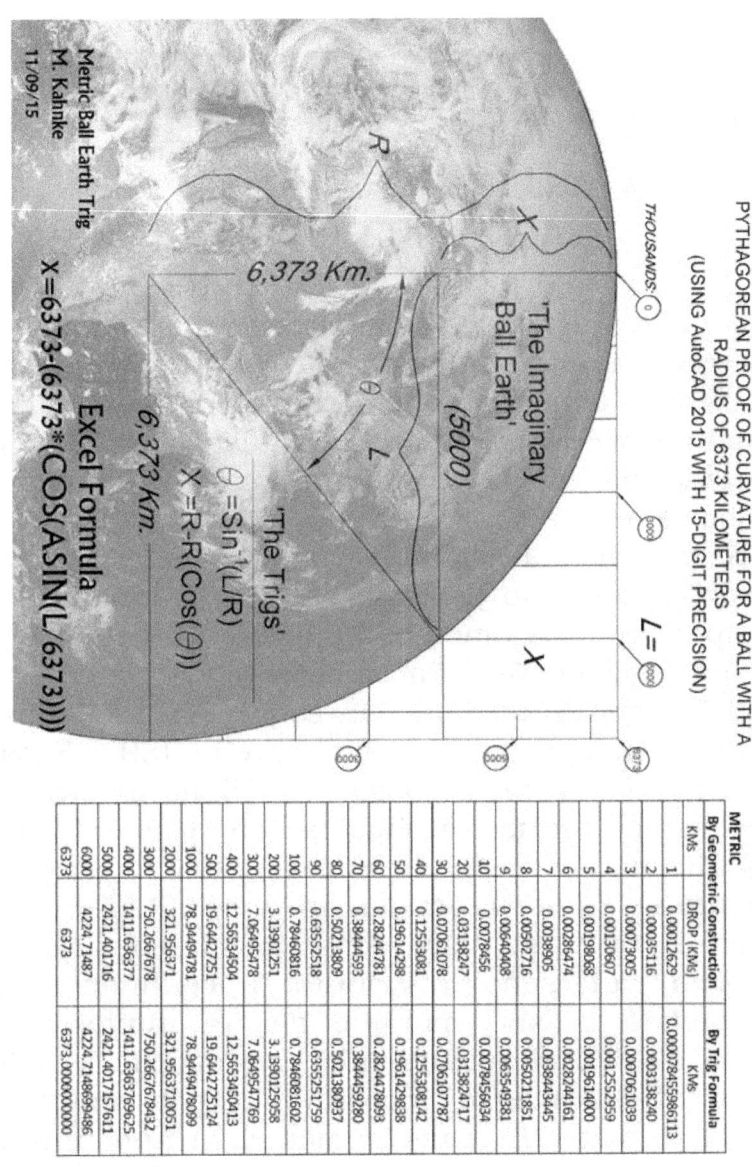

PYTHAGOREAN PROOF OF CURVATURE FOR A BALL WITH A
RADIUS OF 6373 KILOMETERS
(USING AutoCAD 2015 WITH 15-DIGIT PRECISION)

Metric Ball Earth Trig
M. Kahnke
11/09/15

'The Imaginary
Ball Earth'
(5000)

'The Trigs'
$\theta = \text{Sin}^{-1}(L/R)$
$X = R \cdot R(\text{Cos}(\theta))$

6,373 Km.

Excel Formula
$X = 6373 \cdot (6373 \cdot \text{COS}(\text{ASIN}(L/6373)))$

METRIC		
By Geometric Construction		By Trig Formula
KMs	DROP (KMs)	KMs
1	0.0012629	0.0000784558986113
2	0.00035116	0.0003138240
3	0.00073005	0.0007061039
4	0.0013607	0.0012552959
5	0.00198068	0.0019614000
6	0.00286474	0.0028244161
7	0.0038905	0.0038443445
8	0.00502716	0.0050211851
9	0.00640408	0.0063549381
10	0.0078456	0.0078456034
20	0.03138247	0.0313824717
30	0.07061078	0.0706107787
40	0.1253081	0.1255308142
50	0.19614298	0.1961429838
60	0.28244781	0.2824478093
70	0.38444593	0.3844459280
80	0.50213809	0.5021380937
90	0.63552518	0.6355251759
100	0.78460816	0.7846081602
200	3.13901251	3.1390125058
300	7.06495478	7.0649547769
400	12.56534504	12.5653450413
500	19.64427251	19.6442725124
1000	78.94494781	78.9449478099
2000	321.956371	321.9563710051
3000	750.2667678	750.2667678432
4000	1411.636377	1411.6363769625
5000	2421.401716	2421.4017157611
6000	4224.71487	4224.7148699486
6373	6373	6373.0000000000

Tabella I: la curvatura terrestre espressa nel sistema metrico decimale.

✔ LA CONGIURA DELLA TERRA PIATTA OVVERO IL PIANO DELLA SETTA ATLANTIDEA

Si narra che esista una setta impegnata a governare il mondo tirandone occultamente le fila da tempo immemorabile. Trattasi di una verità remota e nascosta o di pura fantasticheria? Mera speculazione di spiriti avventurosi o sussiste un fondo di verità?

Segreti inconfessabili verrebbero gelosamente custoditi, per suo beneficio, al genere umano da costoro che, per comodità, appellerò "Atlantidei".

Per rispondere alla crescente richiesta di notizie, potrei iniziare l'investigazione da una bizzarra mappa terrestre risalente al 1892. Essa risveglia la curiosità poiché il 15 novembre di quell'anno venne pubblicata da Gleason, in Inghilterra, con la definizione di *Proiezione Azimutale Equidistante* (Illustrazione 52).

La Terra è un disco centrato sul Polo Nord, attorno cui sono distribuiti i continenti, e circondato al suo margine da un ininterrotto muro di ghiaccio (l'Antartide) che impedisce agli oceani di fluire verso l'incognito. Un polo sud non è contemplato. Eufemisticamente, in apparenza, lo stampatore sancisce che la cartina è "corretta a fini pratici" e utile "così come è".

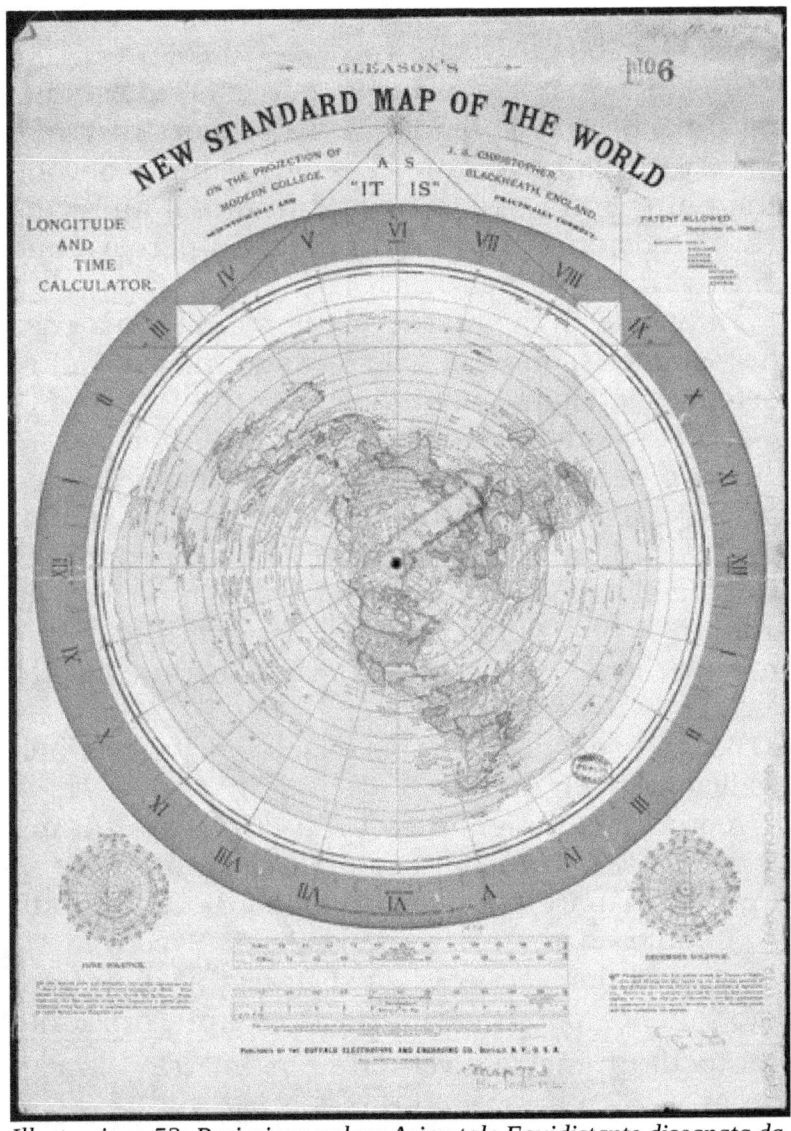

Illustrazione 52: Proiezione polare Azimutale Equidistante disegnata da Alexander Gleason (1892).

Che sia possibile? Una mappa con garanzia di correttezza che rappresenta un pianeta piatto.

Inconcepibile, pensate voi?

Ci suona perfino ridicolo porre la questione, eppure, noi non abbiamo la sensazione di vivere su di una palla rotante, i piloti di linea devono tenere una rotta diritta e non puntare il muso del velivolo costantemente verso il basso percorrendo un tragitto curvilineo.

D'altronde, è ragguardevole la sfilza di evidenze che suggeriscono la Terra sia piatta, oltre l'ortodossia degli assiomi religiosi.

Ci è stato insegnato che la rotondità terrestre è il motivo per cui l'orizzonte, cioè il punto di fuga che separa cielo e terra, aumenta con la quota. Più in alto si sale, maggiore è la porzione di superficie terrestre che si può dominare con lo sguardo (condizioni atmosferiche permettendo). La superficie visibile ha la forma di una calotta sferica.

Bisogna costatare se tale asserzione resiste alla verifica sul campo.

L'equazione matematica della curvatura di una sfera è ostica. Tuttavia, semplificandone i termini, si può affermare che, per un globo di 40 mila km di circonferenza, l'orizzonte cade di 8 centimetri per ogni chilometro, con la distanza al quadrato. Ad esempio, per uno spazio di 4 km l'orizzonte scende di un metro e ventotto centimetri (4 km^2 x 8 cm = 128 cm).

Prima di tutto, si nota invece l'assenza di curvatura all'orizzonte qualunque sia l'altitudine.

Palloni aerostatici di ridotte dimensioni inviati da soggetti privati, che hanno raggiunto grandi altezze muniti di telecamera, mostrano un orizzonte irrimediabilmente piatto (Illustraz. 7). È noto da molto tempo che ci sono fari marini e strutture costiere che sono visibili, dal livello del mare, ben oltre la previsione.

Secondo l'equazione della curvatura terrestre, a soli 5 km di distanza l'orizzonte dovrebbe essere già affondato di quasi due metri, quasi otto metri a 10 km e oltre 31 metri alla distanza di 20 km. Il faro dell'isola di Wight, in Inghilterra, è alto 60 metri ed è visibile da 67 km dove dovrebbe trovarsi oltre 300 metri dietro la visuale consentita dalla curvatura. La Statua della Libertà, sulla costa di New York, è alta 100 metri e risulta visibile fino a 95 km, oltre 320 metri sotto la linea dell'orizzonte. Altro ragguardevole esempio è costituito dalla cattedrale di Nostre-Dame ad Anversa in Belgio. Maggior cattedrale gotica delle "terre basse", la sua altissima guglia si staglia a ben 123 metri (Illustrazione 53). Con l'ausilio di un cannocchiale, le navi in rotta verso il vasto porto della città possono osservarla dalla strabiliante distanza di 230 chilometri. Dovrebbe trovarsi oltre 1600 metri sotto il livello dell'orizzonte, sempre stando alla sfericità terrestre.

Si potrebbe inanellare una serie di casi anche in Italia.

Esperti dell'Università di Palermo hanno confermato che il monte Etna è interamente visibile, attraverso la Sicilia, dalla città capoluogo, che dista 160 km in linea d'aria. Il noto vulcano è alto 3329 metri ma, a dispetto dei notevoli ostacoli fisici costituiti dalle catene montuose dei Nebrodi e delle Madonìe, un paio di volte l'anno in particolari condizioni meteorologiche, è integralmente visibile (Illustrazione 54, fotografia di Saverio Bruno).

Per tale distanza, il vulcano dovrebbe situarsi (dalle pendici) oltre duemila metri sotto l'orizzonte e la sommità occultata dai rilievi citati che si

Illustrazione 53: cattedrale di Anversa in Belgio.

Illustrazione 54: il monte Etna immortalato dalla costa palermitana.

interporrebbero alla vista.

Dalle Marche si distingue, col bel tempo, la costa croata (e viceversa, Illustrazione 55) dove l'orizzonte visibile non dovrebbe invece oltrepassare il mare Adriatico. Da Genova, si fotografano col teleobiettivo l'isola d'Elba, Gorgona, Capraia e la Corsica quando dovrebbero essere nascoste da un chilometro e mezzo di curvatura. (Illustrazione 51)

Qualcuno potrebbe ritenere di trovarsi di fronte a lontani miraggi oppure a fenomeni di rifrazione. Si è portati a pensare che un raggio luminoso si propaghi nell'atmosfera in linea retta, in realtà, questo non è rigorosamente vero. Molti fenomeni a tutti ben noti sfuggono a tale regola. Ad esempio, il Sole che tramonta apparentemente in un punto più elevato rispetto all'orizzonte, montagne molto lontane che sembrano staccarsi dal suolo come se galleggiassero nel cielo. Tutto questo avviene perché i raggi luminosi, attraversando strati di atmosfera con differente densità (dovuta, ad esempio, alla diversa quota), subiscono effetti rifrattivi che ne modificano la traiettoria, dando l'impressione che un oggetto sia

Illustrazione 55

dove in realtà non è. Si tenga presente, infatti, che noi vediamo un elemento non dove esso si trova in effetti, ma sul prolungamento rettilineo del raggio che ha raggiunto il nostro occhio. Così accade, per dire, che una montagna possa risultare più alta della realtà e quindi essere visibile anche se si trova, in verità, al di sotto della linea dell'orizzonte. La coincidenza tra posizione reale e posizione apparente si ha soltanto nel caso in cui il cammino ottico effettivo del raggio luminoso sia perfettamente rettilineo. I miraggi e il fenomeno noto come "fata Morgana" sono sempre manifestazioni dovute alla dispersione dei raggi luminosi in un mezzo non perfettamente trasparente.

Fenomenologie reali e assolutamente spiegabili scientificamente. Non sembrano bastare, comunque, a giustificare certe visioni oltre lo orizzonte teorico.

Meno comprensibile il motivo per cui organismi sovranazionali, a partire dalla Organizzazione delle Nazioni Unite (ONU), adottino, nel loro stemma, una mappa con proiezione polare (Illustr. 56) sostanzialmente identica a quella cara ai fanatici della "terra piatta". Altre organizzazioni che hanno a che vedere con le comunicazioni a lungo raggio adottano la stessa proiezione in cui l'Antartide è assente. Ne sono esempio lo stemma della Organizzazione Marittima Internazionale e la Autorità Internazionale per l'Aviazione. Vero è che l'Antartide non è una nazione, bensì una massa continentale ricoperta da una coltre di neve e ghiaccio spessa migliaia di metri. Essa è tuttora soggetta a forti restrizioni per l'accesso di ogni tipo.

Cosa sappiamo delle sue reali fattezze?

Durante l'esplorazione ottocentesca del capitano James Clark Ross, egli annotò, sul diario di bordo, la sua perplessità riguardo all'inesattezza delle mappe navali che lo portavano costantemente fuori rotta. Il continente antartico, inclusa la barriera di ghiacci perenni che si estende sul mare esattamente al cui centro si pone il polo Sud, dovrebbe avere un perimetro circumnavigatile non superiore ai 20 mila km. Inusitatamente, i primi esploratori, tra i quali il già menzionato Clark Ross e il capitano James Cook impiegarono dai 3 ai 4 anni per completare il periplo nel tentativo di trovare uno spiraglio verso il polo geografico. Nei loro sforzi, sempre risultati vani, navigarono dagli 80 mila ai 100 mila km. Incomprensibile se l'Antartide fosse una gelida e gigantesca isola, perfettamente congruo invece col modello discoidale terrestre. Il diametro di un tale "piatto" di 40.075 km avrebbe una circonferenza di oltre 125 mila chilometri.

E cosa dire del cosmo?

Per la meccanica celeste in cui il piano terrestre è stazionario, il Sole e la Luna sarebbero oggetti di eguali dimensioni che si muoverebbero in cerchi concentrici attorno al polo Nord compiendo una rotazione completa ogni 24 ore alternando il giorno alla notte. Il Sole si sposterebbe periodicamente sopra e sotto l'equatore permettendo la stagionalità. Il tutto sarebbe sovrastato dal Firmamento biblico su cui sono rinserrate le stelle e le galassie. Esso sarebbe protetto lungo la sua curvatura da strati letali di particelle radioattive a noi note come fasce di Van Allen.

Vi sarebbe un'altra cospirazione che si aggira da decenni, alla base di tutto, chiamata "programma spaziale internazionale". Conosciamo le teorie

Illustrazione 56: il vessillo delle Nazioni Unite (ONU).

che ruotano attorno alla NASA. Vale a dire che il programma Apollo, lo Space Shuttle e la Stazione Spaziale Internazionale (ISS) sarebbero colossali beffe perpetrate ai danni dell'opinione pubblica mondiale. Comunque, che l'ente spaziale americano sia assimilabile a una carovana viaggiante di acrobati illusionisti e fenomeni da baraccone, non implica necessariamente che la Terra sia piatta!

La piattezza terrestre sarebbe però dimostrabile inconfutabilmente a differenza delle affermazioni della NASA: la relatività è una teoria come il "big bang" e la "materia oscura", non fatti dimostrati tangibilmente. Sconcerta inoltre lo stretto legame tra fantascienza e imprese spaziali, da rendere spesso indistinguibile la fantasia dai fatti, le "raffigurazioni artistiche" dalle immagini effettive.

Lungo il suo tragitto intorno al Sole, il nostro pianeta incontra decine di sciami sismici che ciclicamente accentuano il fenomeno delle "stelle cadenti". La costante tempesta di micro-meteoriti interessa anche la Luna. Come mai nessuna preoccupazione o intoppo si è mai verificato durante le passeggiate lunari o l'attività sulla ISS, causa l'incessante minaccia meteoritica?

La teoria delle maree dovute all'attrazione lunare poi, non convince molti. Perché il corpo selenico attrarrebbe a sé l'acqua e non l'aria atmosferica, assai più leggera? E nemmeno le placche tettoniche per le quali i sismologi negano recisamente un coinvolgimento cosmico nella genesi dei terremoti.

Il Firmamento si troverebbe a poche migliaia di chilometri dalla superficie e i cosiddetti raggi crepuscolari lo starebbero a dimostrare.

I raggi crepuscolari sono un fenomeno ottico causato dalla dispersione della luce solare in atmosfera. Sono costituiti da fasci luminosi alternati a zone d'ombra che si irradiano dal Sole e che divergono tra di loro di 60° (Illustrazione 8). Il nome deriva dal fatto che tale fenomeno è maggiormente frequente all'alba e al tramonto, quando il Sole è basso sull'orizzonte. Molti dubitano della spiegazione scientifica additando tale avvenimento invece a dimostrazione del fatto che l'astro non si troverebbe lontano 150 milioni di chilometri.

Altro indizio che rende plausibile che le terre siano piatte sono i voli aerei nell'emisfero australe. Vi sono lampanti anomalie difficilmente spiegabili altrimenti. Facciamo alcuni esempi paradigmatici. Un semplice volo di 11 ore attraverso l'Oceano Indiano, tra Johannesburg in Sud Africa e Perth in Australia, prende invece deviazioni a nord poco confacenti al sempiterno desiderio delle compagnie aeree di risparmiare tempo e carburante. Nella realtà, i voli tra il Sud Africa e l'Australia attraversano l'equatore per fare scalo a Dubai, Hong Kong o Malesia per poi tornare nell'emisfero australe. Un piano di volo che non a senso su una sfera ma che risulta quasi rettilineo su un piano.

Altro esempio lapalissiano di rotte dal tracciato alquanto arzigogolato è di volare da Johannes-burg, attraversando l'Atlantico, verso Santiago del Cile, città che si trovano circa alla medesima latitudine. Ancora una volta il volo diretto non esiste, i velivoli di linea devono nuovamente attraversare l'equatore per fare scalo in Senegal. Anziché una rotta di 12 ore sotto il tropico del Capricorno, gli aerei raggiungono il tropico del Cancro per fare rifornimento e arrivare in Sud America impiegando 19 ore. Una contraddizione però risolvibile, ancora una volta, se la forma della Terra fosse appiattita. Perfino più strabiliante il volo tra Johannesburg e San Paolo del Brasile. Invece di un volo diretto di sole 10 ore, la rotta conduce addirittura a Londra allungando il tragitto a 24 ore di viaggio, un giorno intero. Ancora, il volo tra il Sudafrica e l'Australia rimbalza negli USA nel ripetitivo andazzo di attraversare l'equatore verso l'emisfero nord per ritornare a Sud. In una mappa azimutale equidistante disegnata intorno al polo nord, le scorciatoie transitano per l'"emisfero" nord. Sorprendentemente o meno, la spiegazione più ragionevole postula la Mappa Gleason.

Ora, uno potrebbe sostenere che non vi siano abbastanza passeggeri nell'emisfero australe da garantire una redditività ai voli diretti. In ogni modo, il Cile ha soltanto 18 milioni di abitanti e l'Australia 24, ma il Sud Africa ne vanta 55 e il Brasile oltre 200. Per quale curiosa motivazione non devono essere effettuati collegamenti aerei diretti tra Brasile e Sudafrica?

Anello debole di tale catena di supposizioni sono i satelliti artificiali per telecomunicazioni. Qualora non esistessero, come sarebbe simulata la ricezione diretta dei programmi televisivi? Però, non si può fare a meno di notare quanto le parabole satellitari siano orientate quasi orizzontalmente, similmente alle antenne della TV terrestre. Non è un fatto curioso?

Un discorso diverso si applica al GPS (Global Positioning System). Essendo una rete gestita direttamente dall'esercito americano, poco di essa si sa. Taluni sospettano che sia una emulazione tramite triangolazioni fra antenne terrestri, quindi il GPS funziona, ma sarebbe basato a terra, non via satellite.

Il 24 ottobre del 1946 un razzo V2, lanciato dal poligono militare di White Sands in Nuovo Messico, raggiunse l'altezza di 65 miglia, oltre 100 chilometri, uno dei primi voli suborbitali della storia. A bordo anche macchine fotografiche in bianco e nero che scattarono le prime fotografie della Terra dalla mesosfera. A meno di 15 mesi dalla conclusione della seconda guerra mondiale, gli USA già avevano rimesso in piedi oltreoceano la fabbrica missilistica di Peenemunde. La squadra capitanata da Wernher Von Braun, invece di finire dietro le sbarre a Norimberga, fu importata in blocco negli Stati Uniti e accolta a braccia aperte. Le immagini (Illustr. 2) mostrano un panorama assolutamente piatto, laddove la curvatura terrestre dovrebbe essere ben accentuata. Il nostro cervello è abituato, sin dall'infanzia, a riconoscere una linea curva. Ma, se appoggiate un righello sull'immagine, constaterete che l'orizzonte è rettilineo.

Dipanando la matassa della teoria sulla Terra appiattita, il magnetismo terrestre sarebbe spiegabile con il polo sud magnetico distribuito lungo l'anello antartico. In natura, non si rinvengono dipoli sferici come si suppone sia il nostro pianeta, per di più, alimentato da un nucleo ferroso liquido la cui presenza è frutto di congetture, non di prova alcuna. Esistono invece magneti con un polo al centro e l'altro distribuito sul margine.

Il campo magnetico potrebbe fornirci la chiave per dimostrare la rotondità terrestre. Un esperimento è da prendere in considerazione. In primo luogo, teniamo presente che una bussola indica sempre il nord magnetico, di conseguenza, anche il sud in direzione diametralmente opposta. Due osservatori, partendo dall'equatore da punti di diversa longitudine, si dirigono a sud seguendo pedissequamente la bussola. I due sperimentatori hanno la possibilità di misurare esattamente lo spazio che li separa. Incrementando la latitudine sud, se la loro distanza si riduce, la terra è una sfera poiché si avvicinerebbero al medesimo punto. In caso contrario, qualora le loro direttrici divergessero, la Terra sarebbe piatta in cui il polo sud magnetico è distribuito uniformemente lungo il bordo circolare.

Tutti diamo per scontato che la Terra sia una sfera e la interiorizziamo col modellino del mappamondo o con la visione di poche immagini provenienti dallo spazio che, di certo, non sono state scattate da noi.

Dibattendo l'argomento, semplicemente nessuno si pone il problema. Qui sta il punto: perché ci fidiamo più di ciò che ci viene insegnato rispetto a ciò che percepiamo coi nostri sensi? Perché siamo così persuasi della forma sferica della Terra da liquidare come ridicola qualunque obiezione?

Ci sono filmati che mostrano il sole a mezzanotte anche in Antartide la qual cosa smonterebbe la teoria geostazionaria ma essi paiono avere qualcosa di artificioso e lezioso. Altro sordido inganno?

Siamo manipolati inconsapevolmente da una élite dominante?

Se così fosse, a che razza apparterrebbero questi Atlantidei e da dove provengono?

Nessuno lo sa con sicurezza, di una età indeterminabile la cui origine si perde nella notte dei tempi. Costoro tentarono di ribellarsi al Creatore tramite l'erezione di una altissima Torre superba che raggiungesse il Cielo.

Ma fu impedito loro e il sogno infranto nel giro di un giorno e una notte da un diluvio universale. Forse le terre erano unite, poste al centro del disco, che i moderni geologi chiamano *Pangea* ("Tutte le Terre", Disegno 2) circondata da un unico oceano conosciuto come *Panthalassa*. ("Tutti i mari"). Un ampio golfo chiamato Tetide s'incuneava profondamente nel super-continente.

Pangea fu frammentata, per punizione, in isole e continenti e il genere umano disperso in razze ed etnie confondendone le lingue. La teoria della "terra in espansione" viene incontro a tale ipotesi. L'analisi visuale mette in rilievo come tutte le terre emerse si possono combinare assieme incastrandosi in un mosaico, ottenendo una sfera terrestre di minori dimensioni. (Illustrazione 57)

Disegno 2: Pangea col grande golfo della Tetide.

Vestigia di quella "terra antica" si ritrovano ovunque nel pianeta sotto forma di giganteschi sistemi di linee (geoglifi), dighe e impressionanti reticoli idrografici artificiali atti all'irrigazione. Inoltre, enormi edifici megalitici, sovente piramidali, rinvenibili ovunque sulla faccia della Terra. Il "gigantismo" di tali strutture può essere agevolmente accostato all'esistenza di stirpi di giganti che abitarono il mondo prima dell'avvento del genere umano odierno. Tombe di giganti ne sono state rinvenute e i loro resti dissepolti. Tuttavia, per un qualche imperscrutabile motivo di quei ritrovamenti se ne è persa subitamente traccia. Un caso?

Da quel remotissimo tempo, gli Atlantidei dall'ombra tramerebbero vendetta verso il

Creatore oscurandone il nome, negandone l'esistenza e la potenza. Munita di squadra e compasso, confortata dalle più moderne e sofisticate tecnologie, una cricca follemente intelligente medita la rivincita. Ha raffinato la tecnica rimpiazzando la calce col cemento, pavimentando le strade col bitume invece della pietra. La scienza e la tecnologia elevate a religione, il progresso scientifico globale è la loro Apoteosi. Si prefiggono di edificare la Nuova Atlantide.

Dunque, la Terra non è un globo rotante?

Come siamo potuti cadere, per secoli, in un tranello così meschino? Siamo vittima di una congiura del silenzio, immeritevoli di conoscere la verità? O la realtà ci è negata per la nostra apparente felicità, pia illusione di essere orgogliosamente liberi di camminare sulla Luna e immortalare le stelle dallo spazio mediante potentissimi telescopi orbitali. Trastullati dall'idea balzana che tutto sia relativo, come dentro una sfera: il basso vale l'alto, il sopra è uguale al sotto, perfino il bene è intercambiabile col male. Il nostro pianeta ridotto a miserrimo e insignificante accidente in un posto dimenticato da Dio alla periferia dell'Universo.

Una scintilla divina ci farà finalmente compiere un balzo evolutivo.

Il tanto decantato progresso tecnologico svelerà la cospirazione atlantidea?

La nostra Terra piatta è una valle infelice dalla quale ci è proibito evadere. Sovrastati come siamo da un firmamento di zaffiro radioattivo e accerchiati dai gelidi ghiacci antartici.

Trovare soluzione convincente a una questione talmente pazzesca probabilmente rasenta l'impossibile per l'intelletto umano. Il tarlo del dubbio ci costringe perciò a indugiare un po', a pensarci su.

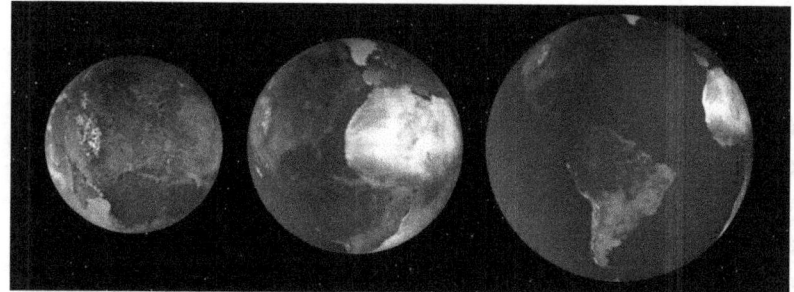

Illustrazione 57: evoluzione delle dimensioni terrestri secondo la teoria della "Terra in espansione".

✔ L'ESPERIENZA DI ERATOSTENE RIVISITATA

Eratostene di Cirene, nella odierna Libia, fu un matematico, astronomo e poeta del III secolo avanti Cristo. Egli viene sovente menzionato poiché fu il primo a misurare la circonferenza della Terra impiegando metodi matematici e trigonometrici. La misurazione da lui effettuata differisce solo di 700 km dalla cifra ottenuta oggi impiegando strumenti moderni.

Come fece?

Illustrazione 58: Eratostene di Cirene (276 – 194 a. C.).

Eratostene osservò che a Siene (oggi Assuan, città dell'antico Egitto posta sul Tropico del Cancro) a mezzogiorno del solstizio d'estate il Sole illuminava il fondo dei pozzi.

In quel momento, quindi, un bastone piantato verticalmente a terra non proiettava alcuna ombra.

Lo stesso giorno dell'anno, il solstizio d'estate, e alla stessa ora, Eratostene fece misurare l'ombra di un uguale bastone ad Alessandria, che si trova sullo stesso meridiano di Siene. Misurò anche la distanza tra le due città, contando i passi che le separano e, per mezzo di una proporzione, calcolò il diametro della circonferenza terrestre.

L'esperimento di Eratostene, se mai effettuato veramente, dato che alcuni dubitano questo personaggio storico sia mai esistito, è forse l'unico che viene ribadito al giorno d'oggi per confermare la rotondità della Terra. Vi è, però, un fatto incontrovertibile. La differenza di lunghezza dell'ombra proiettata dal Sole può essere verificata anche su di un piano qualora la fonte di luce non si trovi "infinitamente" lontano come mostrato nel Disegno 3.

Per analogia colla terminologia della Matematica, possiamo dire che si tratta di una equazione con due soluzioni ambo corrette, ma solo una è reale.

Dicevo, infine, che qualcuno dubita Eratostene sia un individuo vissuto. Sembra, infatti, che di questo signore non vi sia traccia nei libri di testo scolastici antecedenti il 1980.

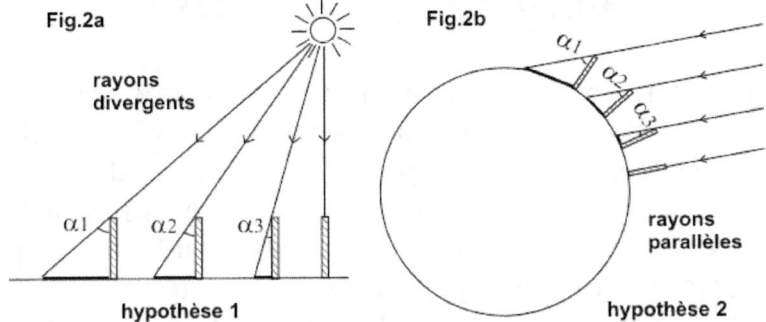

Disegno 3: il postulato di Eratostene può essere soddisfatto in due casi
come graficamente descritto nel disegno. Fig 2a: raggi diffusi
radialmente dalla fonte luminosa su di una superficie piana; Fig 2b:
raggi di luce paralleli su di una superficie curva.

✔ IL GRANDE CERCHIO: LE ROTTE DI VOLO NEGANO IL GLOBO

La vera forma della Terra potrebbe essere desunta visualmente osservando il tracciato delle rotte aeree. Difatti, il percorso dei voli di linea, usualmente è una linea retta, fornisce indicazioni interessanti. Numerosi siti web pubblicano il tragitto che i velivoli percorrono durante il volo.

Tali tragitti devono essere difficilmente erronei sicché i passeggeri dei voli potrebbero, osservando le fattezze naturali sottostanti, accorgersi se esse sono o meno corrispondenti.

Il discorso si basa sull'assunto che la distanza più breve fra due punti è una retta, pertanto il tragitto dei velivoli fra l'aeroporto di partenza e di destinazione deve essere sostanzialmente rettilineo.

La prima vera rotta su lunga distanza fu quella tracciata da **Charles Lindbergh** nel 1927.

Se osserviamo la via seguita dal primo trasvolatore atlantico (Illustrazione 59), essa appare simile a una corda quasi tesa su di una *proiezione azimutale equidistante*. La cartina è palesemente una proiezione polare.

Anche oggigiorno, i tempi di percorrenza transatlantici sono bizzarri. Per volare da Nuova York a Londra, ad esempio, servono solo 10 minuti in più che dalla Grande Mela a Lisbona, capitale del Portogallo. Questa considerazione si attaglia perfettamente all'ipotesi terra piatta invece che al modello sferico su cui il Portogallo sarebbe assai più vicino agli USA dell'Inghilterra. Qualcuno sostiene che l'impresa temeraria di Lindbergh fu una beffa a causa dell'avvistamento precoce del suo velivolo in Irlanda. Può darsi invece che le distanze nell'emisfero boreale siano minori di quanto attestato nelle mappe canoniche di Mercatore.

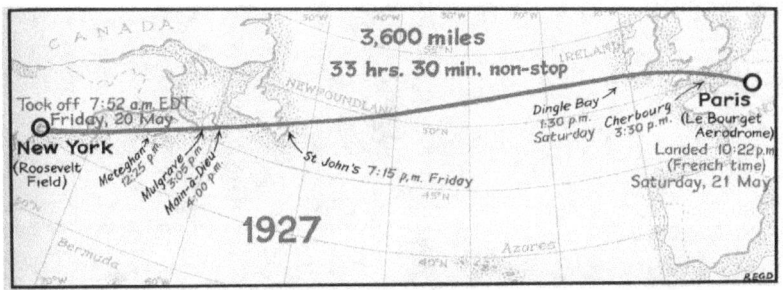

Illustrazione 59: la rotta di Lindbergh nella sua trasvolata atlantica.

Dagli archivi storici, spunta una nuova mappa "pratica" a uso militare la quale ricalca la proiezione polare azimutale detta "mappa della Terra piatta". Si tratta di una "mappa aerea" del 1945. Essa ricorda la rotta del famoso volo transatlantico di Charles Lindbergh del 1927 (Illustrazione 59) e la mappa *Gleason* del 1892 (Illustrazione 52).

Il corrispondente per l'aeronautica del *Times* di Londra, all'epoca, richiamò l'attenzione sul fatto che la nuova mappa militare emanata dalla *British Overseas Airways Corporation* è di nuova concezione, studiata per la "Air Age" ("l'Età dell'Aria"). Notare che i territori sottostanti l'equatore, o meglio esterni a esso, sono più vasti di quanto riportato nella proiezione di Mercatore.

Le rotte di volo (tracciate in rosso, Ill. 60) sono pressoché rette come è logico che sia. È una elaborazione realizzata durante il conflitto per la

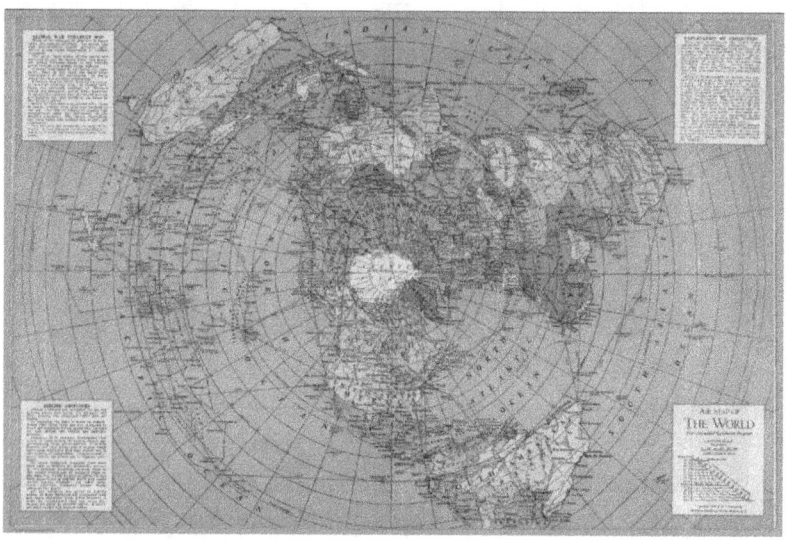

Illustrazione 60: mappa dell'aviazione militare britannica del 1945. Si tratta di una proiezione polare azimutale. Confrontare con Illustrazione 52.

qual cosa doveva essere accurata. I piloti dei cacciabombardieri, che andavano a bombardare o lanciare paracadutisti sorvolando territori nemici, dovevano usufruire di una *cartografia realistica*.

I poteri occulti s'inventano termini astrusi quali *losodromia*, *ortodromia* e *grande cerchio* per mascherare il fatto che i velivoli di ogni tipo interagiscono con un sistema di riferimento inerziale, statico e piano.

Sulla proiezione cilindrica di Gerardo Mercatore, il planisfero, le rotte aeree in direzione dei paralleli (Est-Ovest) assumono traiettorie abbondantemente curve, concave come bene mostrato nelle Illustrazioni 61 e 62.

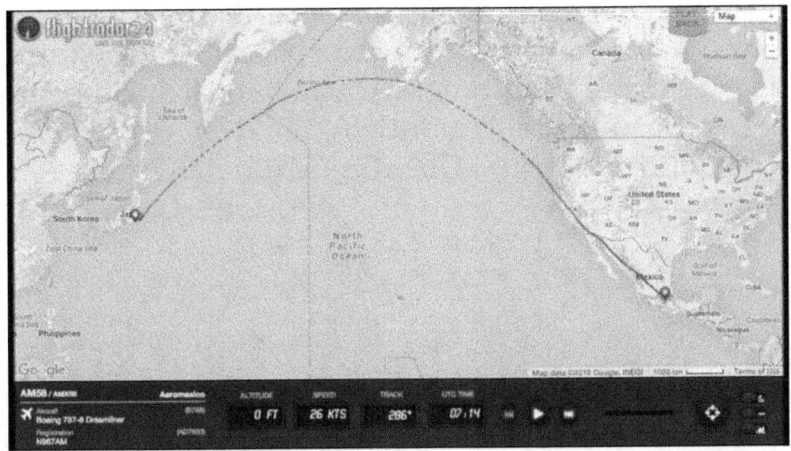

Illustrazione 61: rotta di volo fra Tokyo e Città del Messico.

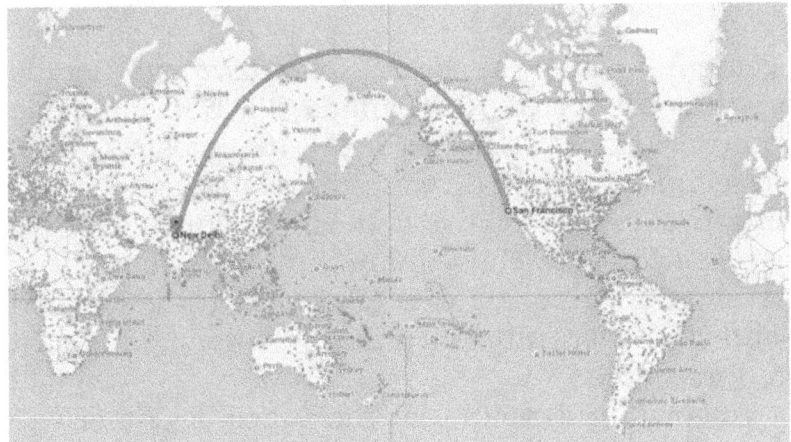

Illustrazione 62: volo fra Nuova Delhi e San Francisco.

Viceversa, esse rimangono rettilinee in direzione dei meridiani (Nord-Sud). Non ha ragione d'essere su di una sfera quasi regolare dove il coefficiente di curvatura è omnidirezionale.

Ci sono altre controprove.

Un cavo telegrafico transoceanico è un cavo sottomarino che scorre sotto l'oceano e utilizzato per le comunicazioni telegrafiche. Il primo fu posato attraverso l'Atlantico da *Telegraph Field*, *Foilhommerum Bay*, *Valentia Island* nell'Irlanda

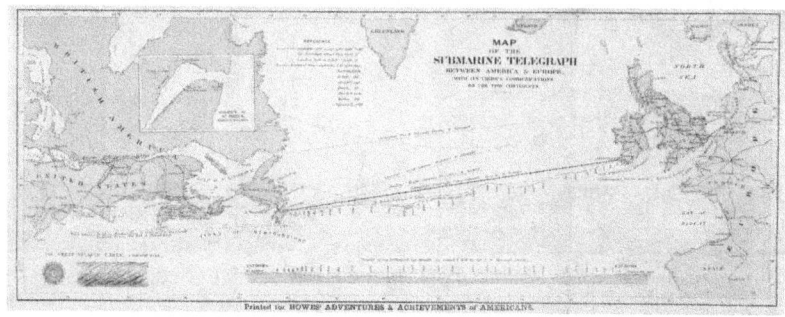

Illustrazione 63: primo cavo telegrafico steso sul fondo oceanico.

occidentale fino a *Heart's Content* nel lembo orientale di Terranova (Canada, Ill. 63). Le prime comunicazioni si ebbero il 16 agosto 1858, riducendo i tempi di comunicazione tra il Nord America e l'Europa da dieci giorni (il tempo necessario per consegnare un messaggio per nave) a sole 17 ore. I cavi telegrafici transatlantici sono stati sostituiti, coll'andare del tempo, da cavi in fibra ottica.

Ancora una volta, la rotta per le Americhe transita per l'Irlanda e il nord canadese come avviene per le rotte di volo di oggi e per, di nuovo, le trasvolate atlantiche di Alcock e Brown e di Charles Lindbergh.

Un caso davvero lampante è costituito dai voli dalla costa sud australiana alla costa orientale americana. Ad esempio (Illustrazione 66), il

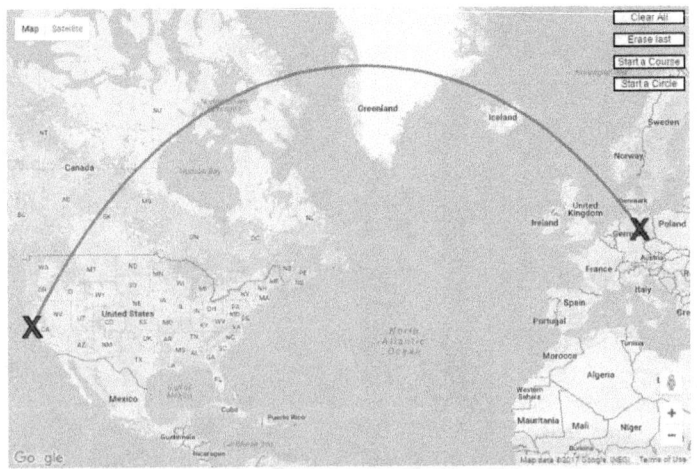

Illustrazione 64: rotta di volo da Los Angeles a Francoforte.

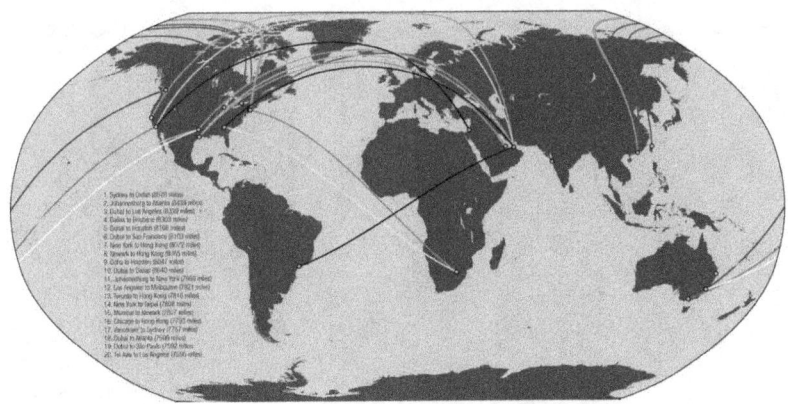

Illustrazione 65: il tracciato dei 20 voli aerei più lunghi al mondo. Le rotte degli uccelli migrati artici ricalcano questa mappa.

tragitto da Brisbane a Nuova York dovrebbe attraversare il Pacifico, a sud dell'arcipelago delle Hawaii, risalendo dal Messico, se la Terra fosse davvero sferica. Nella realtà, gli aerei sorvolano l'Alaska scendendo negli Stati Uniti attraverso il

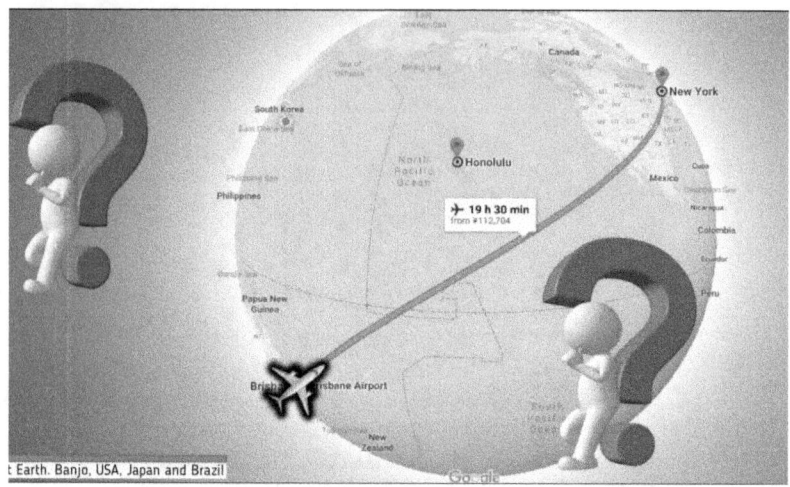

Illustrazione 66: in teoria, i velivoli passano a sud delle isole Hawaii.

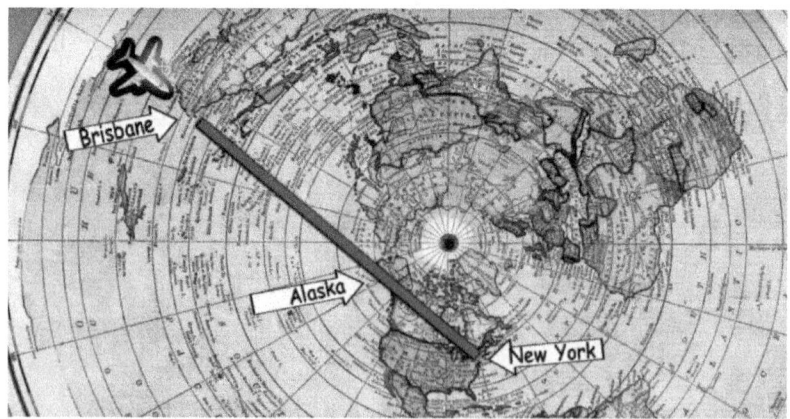

Illustrazione 67: nel mondo reale, i voli da Brisbane a Nuova York transitano molto a nord delle Hawaii sorvolando l'Alaska.

144

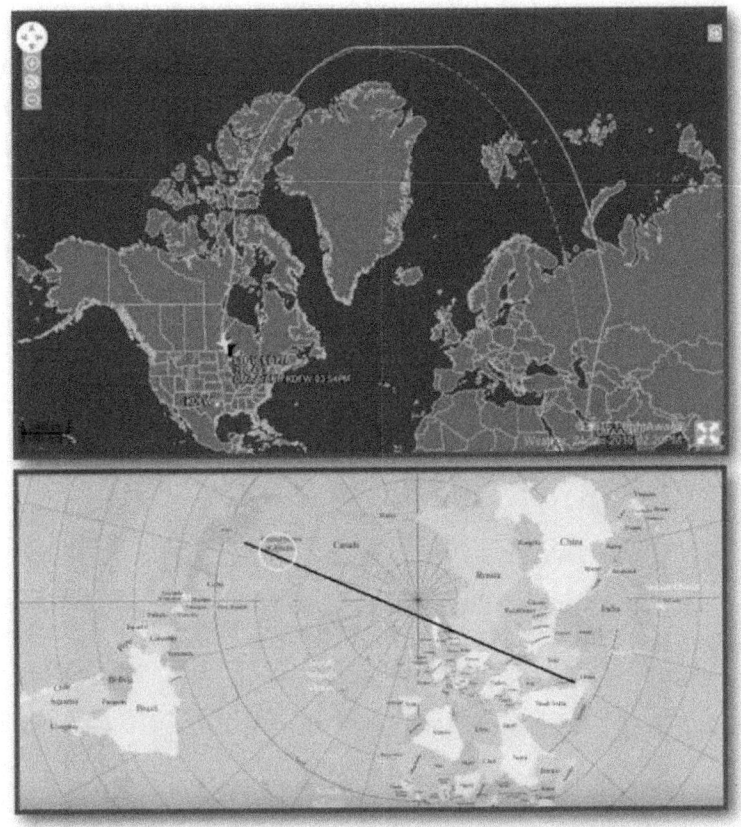

Illustrazione 68: l'immagine mette a confronto il tragitto del volo fra Abu Dhabi, capitale degli Emirati Arabi Uniti, e Fort Worth in Texas, sud degli Stati Uniti. Per quale motivo i velivoli sorvolano territori estremamente settentrionali avvicinandosi al polo nord?

Canada, solcando il cielo molto a settentrione delle calde isole hawaiane. (Illustrazione 67) Tanto è vero che la compagnia di bandiera australiana *Qantas* ha scelto lo scalo di *Anchorage* come tappa intermedia nei voli dal Nord America verso l'Oceania. Sia per quelli civili che per i voli cargo avvalendosi di altre compagnie aeree tipo *Atlas Air*. La mossa è del tutto illogica nel modello copernicano. Diversamente, nel modello a terra piana di forma discoidale incentrato sul polo Nord, la rotta risulta, in sostanza, rettilinea come ci si aspetta.

Ennesima conferma che qualcosa non quadra nella geografia insegnataci a scuola.

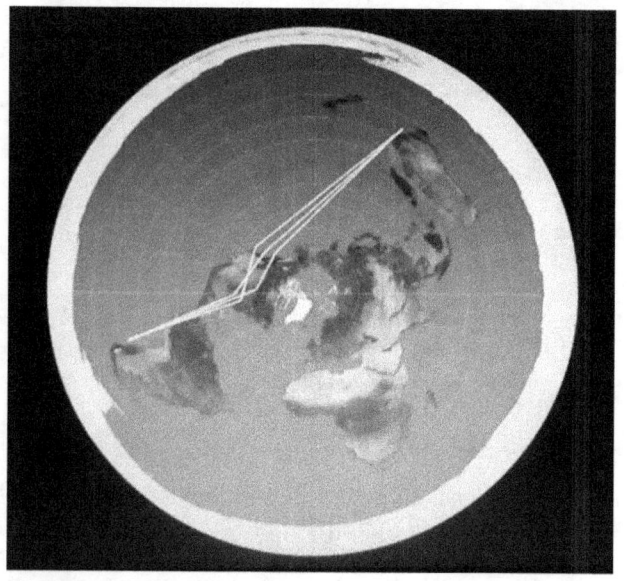

Illustrazione 69: i voli dal Sudamerica all'Australia fanno sempre scalo nel Nord America (Florida, California, Canada, Alaska) attraversando l'equatore due volte all'andata e due al ritorno.

✓ LA PROFEZIA DI MALACHIA SULL'ULTIMO PAPA: UNA QUESTIONE DI ERMENEUTICA

Nella prima metà del dodicesimo secolo (secondo alcuni intorno al 1140) Malachia, vescovo irlandese (Illustrazione 70), redasse una serie di profezie riguardanti la successione dei Pontefici, dal 1143 (Celestino II) fino all'ultimo papa. Si tratta di 111 motti, scritti in latino. Le suddette profezie, secondo alcuni studiosi, potrebbero essere state ispirate da San Bernardo. Quel che è certo è che i vaticini di Malachia furono, per la prima volta, pubblicati nel 1595 da Arnold Wion in un testo noto come "Lignum Vitae" (Illustr. 71). Le profezie di Malachia sono organizzate per motti, piccoli epiteti che dovrebbero caratterizzare e distinguere l'essenza di ogni pontefice. Sono accompagnate anche da una descrizione sintetica. Una ridda di autori sostiene che, fino a oggi, le profezie di Malachia abbiano trovato riscontro su ogni pontefice. Per esempio, Albino Luciani, patriarca di Venezia, regnò per 33 giorni. Malachia definisce il pontificato corrispondente cronologicamente "De Medietate Lunae" ("fra due lune") indicando così il suo regno che sarebbe durato un mese, quanto un ciclo lunare. Giovanni Paolo II è stato

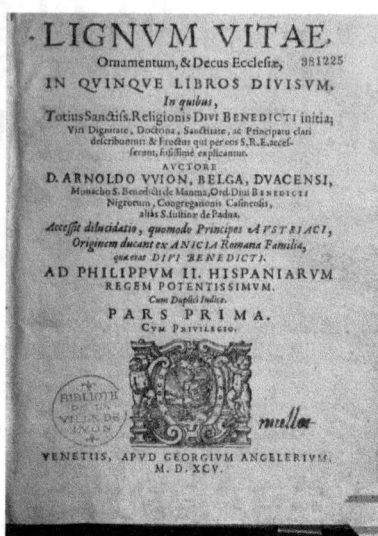

Illustrazione 71

Illustrazione 70

descritto come "De Labore Solis" ("della fatica del Sole", sembra un chiaro riferimento al fatto che egli nacque il giorno di un'eclissi solare, e che anche il suo "addio" ha coinciso con un'eclissi, una doppia circostanza

estremamente rara. A sua volta, Papa Ratzinger è stato definito "De Gloria Olivae". In effetti, papa Benedetto XVI appartiene all'Ordine dei Benedettini (noto anche come Ordine degli Olivetani) e porta sulla sua veste l'effige dell'ulivo.

Vi è anche una larga parte di scettici, che ritiene le sentenze di Malachia siano spurie e fallaci. Spurie in quanto la stessa autenticità del documento è messa seriamente in discussione

co , Cardin alis creatus à Pio. IIII. qui pi-
la in armis geſtabat.

Axis in medietate ſigni.Sixtus. V. qui axem in medio Leonis in armis geſtat.

De rore cœli.　　　　Vrbanus. VII. qui fuit Archiepiſcopus Roſ-
ſanenſis in Calabria,ubi māna cólligitur.

Ex antiquitate Vrbis. Gregorius. XIIII.

Pia ciuitas in bello.　Innocentius. IX.

Crux Romulea.　　　Clemens. VIII.

		Paſtor & nauta.
Gens peruerſa.	Animal rurale.	Flos florum.
In tribulatione pacis.	Roſa Vmbriæ.	De medietate lunæ.
Lilium & roſa.	Vrſus uelox.	De labore ſolis.
Iucunditas crucis.	Peregrin⁹apoſtolic⁹.	Gloria oliuæ.
Montium cuſtos.	Aquila rapax.	In pſecutioné. extre-
Sydus olorum.	Canis & coluber.	ma S.R.E.ſedebit.
De flumine magno.	Vir religioſus.	Petrus Romanus,qui
Bellua inſaciabilis.	De balneis Ethruriæ.	paſcet oues in mul-
Pœnitentia glorioſa.	Crux de cruce.	tis tribulationibus :
Raſtrum in porta.	Lumen in cœlo.	quibus tranſactis ci-
Flores circundati.	Ignis ardens.	uitas ſepticollis di-
De bona religione.	Religio depopulata.	ruetur, & Iudex tre
Miles in bello.	Fides intrepida.	mēdus iudicabit po
Columna excelſa.	Paſtor angelicus.	pulum ſuum. Finis.

Quæ ad Pontifices adiecta,non ſunt ipſius Malachiæ , ſed R.P. F.
Alphonſi Giaconis,Ord.Prædicatorū,huius Prophetiæ interpretis.

Illustrazione 72: "Lignum Vitae" pagina 311. La profezia di "Pietro il Romano" preceduta dai motti riferiti agli ultimi pontefici.

(tanto che San Bernardo in persona non ne farebbe menzione nella sua "Vita Malachiae"). Fallaci, dato che le profezie possono prestarsi a diverse interpretazioni e la loro correlazione con singoli papi sarebbe frutto di fantasia e di forzature semantiche.

In questo articolo, vorrei prescindere da questioni semantiche ma verificare se la descrizione dell'ultimo papa aderisca alla figura del pontefice argentino.

L'ultima predizione testualmente recita: *"In persecutione extrema sacrae romanae ecclesiae sedebit Petrus romanus, qui pascet oves in multis tribulationibus; quibi transactis, civitas septis collis diruetur, ed Judex tremendus judicabit populum suum. Amen"* la cui traduzione è la seguente *"Durante l'ultima persecuzione della Santa Romana Chiesa, siederà Pietro il romano, che pascerà il suo gregge tra molte tribolazioni; quando queste saranno terminate, la città dai sette colli sarà distrutta, e il temibile giudice giudicherà il suo popolo. E così sia"*.

Asserzioni di Malachia e papa Francesco? I contenuti coincidono?

A molti quest'ultimo appare essere indubitabilmente un massone di rango elevato ed espressione delle fazioni occulte che si contrappongono alla cristianità. Possiamo dunque agitare lo spettro affermando che egli sia l'ultimo papa, colui che demolirà la Chiesa Cattolica dall'interno?

Dopo un breve conclave in Vaticano, mercoledì 13-3-2013, i 115 cardinali riuniti nella Cappella Sistina emisero la fumata bianca, proclamando *"Habemus Papam"*: abbiamo un nuovo papa. Così, l'arcivescovo di Buenos Aires, al secolo Jorge Bergoglio, è diventato il nuovo capo della Chiesa succedendo a Benedetto XVI, dopo la sua storica rinuncia. Questa scelta rivela alcuni indizi significativi, anche se sottili.

Appena monsignor Bergoglio fu eletto, in privato, la prima domanda gli fu posta dal cardinale facente funzione di Decano, il bresciano Giovanni Battista Re: "*Con quale nome desideri essere conosciuto?*' La risposta fu: "*Mi chiamerò Francesco*". Qualche istante dopo, quando fu presentato al mondo dalla Basilica di San Pietro, Papa Francesco ha annunciato al suo gregge: "*Sapete che il dovere del conclave era di dare un vescovo a Roma. Sembra che i miei fratelli cardinali sono andati a prenderlo quasi alla fine del mondo. Ma siamo qui...*"

Questa è una frase piena di premonizioni in questi tempi di adeguamento del mondo e che in molti percepiscono come disordine apocalittico. Egli fa riferimento al "vescovo di Roma" e non al vicario di Cristo per l'intera umanità. Vero è che "vescovo di Roma" e "papa" sono sinonimi, riconosciuto ufficialmente dal Vaticano. Probabilmente, si tratta di una scelta lessicale eloquente.

Sono molte le "primizie" storiche di questa elezione al soglio pontificio. Seppure Francesco non fosse l'ultimo papa, racchiude una discreta lista di primati della Chiesa cattolica:

- *Primo non europeo.*
- *Primo pontefice gesuita.*
- *Primo papa di nome Francesco.*

- *Primo papa in 600 anni che succede a un altro dimissionario.*

Lecite quindi le aspettative attorno alla sua figura. Perché San Malachia per il centododicesimo papa, che sarebbe l'attuale, avrebbe registrato quelle parole minacciose?

Che sia l'ultimo eletto al soglio pontificio?

Molti indizi lo farebbero supporre, a partire dalle doti di "liberalità" e "anticonformismo" di svariate prese di posizione e atti. Talmente "liberale" da causare uno scisma nella Chiesa, pronosticano alcuni.

Il nostro tempo è caratterizzato dalla presa di coscienza che ci troviamo di fronte, forse a quello che costituirebbe il più grande inganno cui l'Umanità sia stata sottoposta: la forma della Terra. Ricerche sempre più minuziose stanno

Illustrazione 73: il riflesso solare sul mare non denota curvatura nemmeno osservato da alta quota.

dimostrando che noi viviamo su di un piano, un disco piatto centrato sul polo Nord. La teoria evoluzionistica, la gravitazione, le imprese spaziali, lontani pianeti e nebulose non sarebbero altro che una costruzione narrativa fantastica tesa a rendere credibile la sfericità della Terra.

Essa non girerebbe attorno al Sole ma sarebbe una piattaforma immobile come sancito nelle scritture sacre.

La storia della scienza sarebbe punteggiata da diverse prove incontrovertibili che la cosmologia canonica non è quella insegnataci a scuola.

Per esempio il fatto che la attrazione gravitazionale lunare, che provocherebbe le maree, non affligga i bacini d'acqua dolce inclusi i giganteschi laghi nordamericani e africani. Inoltre, il riflesso sul mare, prodotto dalla Luna e dal Sole (Illustrazione 73) si estende per centinaia di chilometri senza apparente curvatura. I corpi idrici, di qualunque dimensione, si comportano sempre come uno specchio piano. Eppure, stando alla equazione matematica, già a 30 km di distanza, ad esempio, l'orizzonte dovrebbe inabissarsi di 71 metri.

Non è un personaggio particolarmente studiato ma alla sua figura sono ispirati il capitano della nuova serie TV di Star Trek e il professor Tornasole nel fumetto Tintin di Hergè. Mi riferisco ad Auguste Piccard, scienziato svizzero stanziatosi in Belgio. Nel 1931, egli fu il primo uomo a raggiungere la stratosfera a bordo di una capsula pressurizzata sollevata da un pallone aerostatico. Nel 1960, suo figlio Jacques Piccard fu il primo uomo a raggiungere il punto più profondo degli oceani, la fossa delle Marianne, a bordo del batiscafo Trieste di fabbricazione italiana.

Piccard padre, in una intervista concessa al mensile Popular Science nel numero di agosto '31, disse che la Terra vista dalla stratosfera assomiglia a *"un disco piatto dall'orlo rivolto all'insù"* (Nota 1) Ciò corrisponde perfettamente a una planimetria della terra secondo cui esisterebbe un solo polo (Nord) mente l'Antartide sarebbe un anello di ghiaccio e rocce alto centinaia di metri che circonda e contiene gli oceani dai quali affiora la terraferma.

Sono state rinvenute antichissime mappe ritraenti la Terra in siffatto modo (pagina 8). Illustrano la morfologia terrestre come un "catino"

Illustrazione 74: Auguste Piccard (1884 – 1962) sbuca dal portello della sfera pressurizzata concepita per raggiungere ed esplorare la stratosfera appesa a un pallone. A destra, la seconda ascensione il 18 agosto 1932.

colmo d'acqua dalla quale emergono i continenti e, come se non bastasse, indicano enigmatiche regioni al di la dell'Antartide.

Suona bizzarro ma sussistono davvero resoconti attendibili e meticolosi di territori "oltre i poli".

Attraverso il 19° secolo e la fase iniziale del 20°, l'esplorazione polare, in particolare del polo Sud, occupò una parte rilevante nei tentativi di esploratori e avventurieri di varia sorta. Al modo in cui, da 60 anni a questa parte lo è l'esplorazione spaziale. Di più d'uno se ne persero definitivamente le tracce e non se ne seppe più nulla.

Con tutta probabilità, il più famoso esploratore dell'epoca fu l'ammiraglio della Marina degli Stati Uniti Richard E. Byrd (Illustr. 76) il quale guidò ben cinque spedizioni nell'arco di tempo fra il 1928 e il 1956. Merita menzione la spedizione nei mari del sud del 1946-47 per la sua imponenza nel dispiego di uomini e mezzi.

Egli, in una intervista alla TV rilasciata negli anni '50 dichiarò: *"Abbastanza strano che esistano ancora oggi mondi trascurati, un territorio grande quanto gli Stati Uniti mai visto da essere umano. E si trova oltre il polo, dall'altro lato del polo Sud"*.

Fu una dichiarazione estemporanea per dare lustro all'allora neonato mezzo di comunicazione televisivo?

Eppure, l'esplorazione antartica fu un'attività febbrile, uno sforzo così immane dovette essere sostenuto da mezzi colossali. A tal fine, Byrd si servì, infatti, di veicoli stravaganti appositamente ideati. Nel 1939 tecnici e ingegneri dell'Istituto Americano di Tecnologia progettarono un grosso mezzo semovente designato allo scopo.

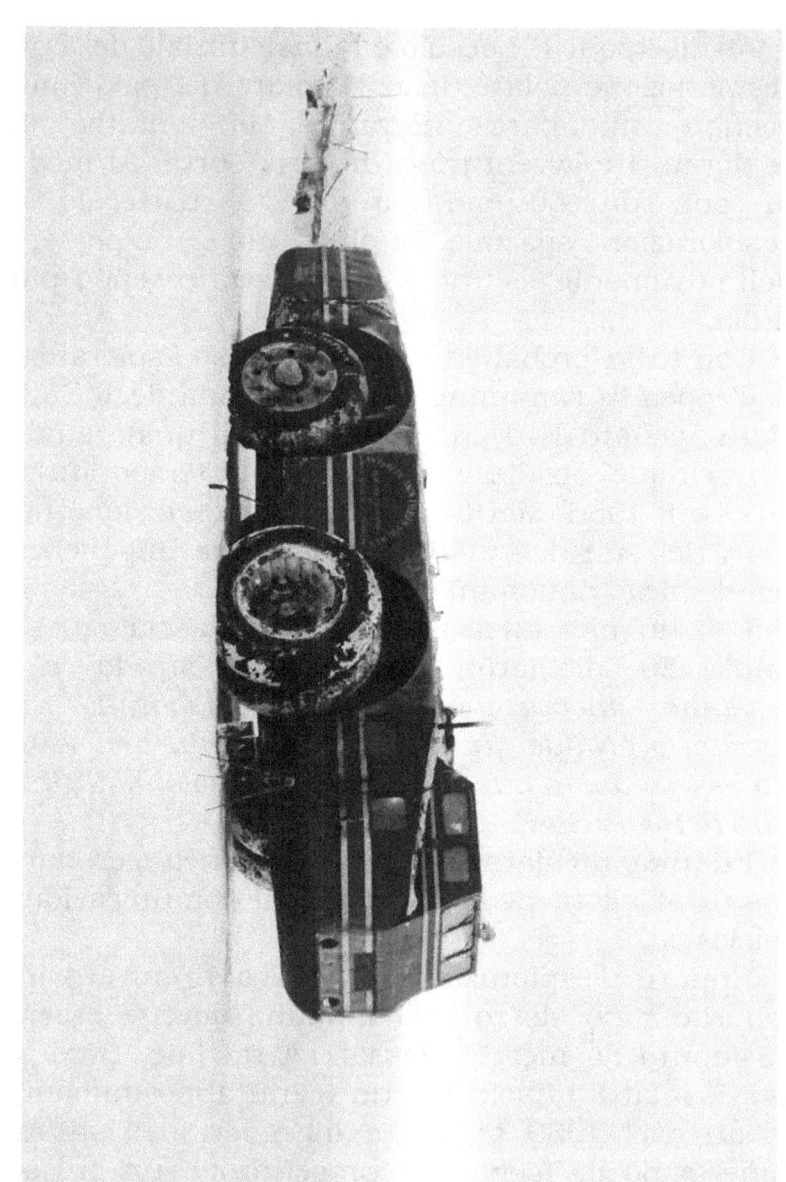

Illustrazione 75: lo "Snow Cruiser" ("Incrociatore della Neve") sul suolo antartico riemege dalla sua rimessa invernale (a sinistra). Fotografia scattata il 16 agosto 1940.

Illustrazione 76: calligrafia e firma autografa dell'ammiraglio della Marina degli Stati Uniti Richard E. Byrd (1888 -- 1957).

L'Incrociatore della Neve (Snow Cruiser), soprannominato "La Grande Bertha", era dotato di 4 giganteschi pneumatici alti 3 metri, era lungo 17 metri, largo oltre 6 e alto 5. Pesava 37 tonnellate a pieno carico. Spinto dai suoi due poderosi motori General Electric da 11.0000 cc, eroganti 150 cavalli ciascuno, raggiunse una velocità massima di 45 km/h durante il tragitto fra Chicago e Boston, dove venne imbarcato sulla North Star, nave che fece rotta verso le coste dell'oceano antartico. L'Incrociatore della Neve era un veicolo talmente massiccio da potere trasportare un piccolo aereo fissato sul tetto (Disegno 4, Illustrazione 75).

Ritenendo la sconcertante dichiarazione televisiva di Byrd attendibile, è difficile ricondurre la Terra a un globo dal punto di vista cartografico. Se così fosse, le carte geografiche del polo Sud andrebbero disegnate ex novo.

Byrd affermò nella medesima intervista televisiva che la terra che lui aveva esplorato nelle sue missioni polari, a cavallo della seconda guerra mondiale, era sgombra da neve e ghiacci. Come è possibile "oltre il polo"?

L'Antartide ci viene descritta essere un continente interamente sepolto da chilometri di neve ghiacciata compattata nei millenni.

Durante le scorribande verso l'ignoto, supportata da un'imponente convoglio composto da 13 navi e 4700 uomini con diversi velivoli, l'ammiraglio scoperse due vastissime "oasi" non imbiancate.

In una trasmissione radiofonica del febbraio '47, di ritorno dai mari del Sud, ebbe a dichiarare: "*Mi piacerebbe vedere quella terra oltre il polo, quell'area è il centro della grande incognita*".

Quei voli esplorativi al polo sud ancora oggi non mancano di suscitare una serie di interrogativi a cui la scienza ufficiale fatica a rispondere. Inoltratosi centinaia di chilometri "oltre" il polo, cominciò a notare una trasformazione radicale dell'ambiente sorvolato che lo lasciò stupefatto. Una landa ondulata perennemente libera da ghiacci, caratterizzata da laghi d'acqua dolce e priva di vegetazione. (fotogrammi tratti da un raro filmato a colori girato da cineoperatori aggregati alla spedizione) Fin dove si era spinto Byrd? (Illustrazioni 79 e 80)

Si è discusso della teoria della "terra cava", circolante da secoli oramai, ovvero che esistano enormi cavità nel sottosuolo. Essa sarebbe abitabile e accessibile attraverso aperture remote.

Dalla terra cava, il cui accesso si troverebbe ai poli, non occorre un grande sforzo di fantasia per ipotizzare esistano tuttora territori inesplorati. Terre emerse dal clima che le rende abitabili e non avvinghiate dal gelo perenne.

A seguito delle ripercussioni sulla stampa delle esplorazioni polari, si riaccesero i dibattiti sulla Terra Cava e sull'esistenza del mitico regno di Agarthi e della sua capitale Shambhala.

L'esistenza di un mondo sotterraneo abitato da una civiltà evoluta è presente in numerose antiche tradizioni.

Vi sono altre stranezze geografiche che rendono plausibile la forma della Terra sia diversa dalla sfera. A dispetto dell'eccentricità dell'orbita, che avvicina l'emisfero meridionale al Sole durante la sua stagione calda, l'estate australe è più corta di una settimana e l'Antartide è più fredda dell'Artide. Le testimonianze riportano che la

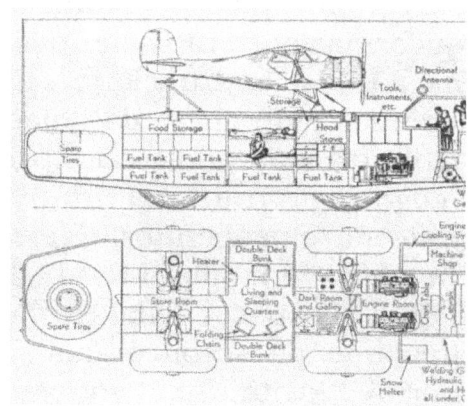

Spaccato dello "Snow Cruiser". Notare i due enormi pneumatici di scorta sistemati nel grande vano posteriore.

Disegno 4

Illustrazione 77: equipaggio in servizio in Antartide nel settembre 1940.

Illustrazione 78: lo "Snow Cruiser" durante una prova operativa in USA.

Fotogramma tratto da un documentario sulle esplorazioni dell'ammiraglio Byrd. Mostrerebbe un lembo di territorio antartico privo di neve e mai visto da occhio umano in precedenza.

Illustrazione 79

Un altro fermo-immagine che mostra la presunta "terra segreta" esistente oltre il polo Sud. Di queste lande verdi tratta anche l'enciclopedia Treccani: "una specie di oasi alle spalle della Terra della Regina Maria, libera dai ghiacci, rivestita di prateria e cosparsa di laghi dalle acque verdi o azzurre".

Illustrazione 80

transizione tra completo buio e piena luce all'alba, e viceversa al tramonto, sono repentini nell'emisfero Sud. Ciò sarebbe conforme a una cosmologia contemplante che il disco solare si trovi a breve distanza e ruoti intorno al Polo Nord. Pertanto, in tale topografia, la velocità di transito dell'astro che ci illumina è maggiore a Sud.

A ciò era dovuto l'estremo interesse per la esplorazione antartica?

Il Trattato Antartico del 1959 fu varato in fretta e furia e sottoscritto, col tempo, da una cinquantina di stati al mondo. Da allora, l'Antartide è divenuta un luogo proibito, inaccessibile, se non a sparute squadre composte da scienziati dalle mire spesso non facilmente identificabili.

Queste spedizioni cosa vanno cercando con tanta segretezza?

Cosa si cela oltre l'infinita distesa di ghiaccio sovrastante il continente antartico?

Forse il segreto della forma della Terra.

Per millenni la specie umana è stata dominata dal pensiero teologico-religioso. Da quattro secoli invece, prevale il pensiero scientifico la cui emanazione pratica è la tecnologia.

I testi sacri delle varie religioni delineano una terra piatta e stazionaria ma sono gradualmente finiti nel dimenticatoio, affievoliti nell'oblio della Storia.

Collettivamente, le Scritture Sacre risulterebbero accurate dal punto di vista scientifico come attestato nel Vecchio Testamento.

In Giobbe 26:10 leggiamo: "*Ha tracciato un cerchio sulla faccia dell'acque, là dove la luce confina colle tenebre*". La parola impiegata nel testo originale ebraico a indicare la forma della Terra è (גוח, *chug*). Tale vocabolo non implica la sfericità. La etimologia indica piuttosto un cerchio (figura bidimensionale) anziché una sfera, di conseguenza, la traduzione in italiano è letteralmente corretta.

Ritornando alla profezia di Malachia, da cui sono partito, data la sua ermeticità, l'analisi sarà giocoforza laconica. Malachia fa riferimento a un'ultima persecuzione della Chiesa Romana. Non è dato precisare se la Chiesa, in questo caso, sia soggetto attivo o passivo di una condotta persecutoria. In questa era, non abbiamo coscienza di attività oppressive effettuate dalla Chiesa Cattolica. Pertanto, dobbiamo ritenere che (nel contesto del vaticinio) la Chiesa debba essere considerata oggetto di una persecuzione e non parte attiva di un'azione diretta. In questo senso, la profezia appare fuori "voce", dal momento che non possiamo considerare "attività persecutorie" le attuali vicende riguardanti la moralizzazione del sistema ecclesiastico, l'invito a un contegno morigerato del clero. Al contrario, questi aspetti testimoniano una crescita del valore spirituale indirizzato a un "ritorno" della Chiesa ai crismi religiosi che dovrebbero contraddistinguerla.

Alcuni filoni di ricerca etichettano l'ultimo pontefice come "papa nero", e su questa definizione intendo soffermarmi brevemente.

La locuzione "papa nero" aderisce alla figura di papa Francesco?

Diverse fonti ritengono che la predizione sia coerente. Il cosiddetto *Papa Nero* non alluderebbe a un papa africano o dalla pelle scura bensì al fatto che Bergoglio faccia parte dell'ordine dei Gesuiti (che indossano una veste nera). Tuttavia, la profezia di Malachia non fa menzione alcuna di un Papa Nero e queste elucubrazioni nascono da una superficiale interpolazione con altre profezie. In realtà, la profezia del "papa nero" non ha nulla a che vedere con Malachia ma potrebbe riferirsi a un pontefice appartenente ai poteri occulti.

E cosa dire della locuzione "Pietro il Romano", invero usata da Malachia?

Ora, il primo vescovo di Roma è stato proprio l'apostolo Pietro. La sera della sua elezione Bergoglio, pur rappresentando l'unificazione della cristianità, si presentò come "Vescovo di Roma". Le figure presentano significative analogie in relazione al ruolo attribuito al pontificato e alla stessa figura del pontefice. Inoltre, le espressioni usate da Bergoglio non sembrano esser state usate da altri pontefici. Siamo in presenza, cioè, di un lessico e di una qualificazione in contrasto con l'immagine e le proprietà manifestate da altri papi.

La profezia prosegue affermando che "Pietro il Romano" pascerà il suo gregge tra grandi tribolazioni, al termine delle quali la città dei sette colli sarà distrutta. Questa parte del vaticinio si riferisce ad eventi che devono ancora verificarsi. Le grandi tribolazioni potrebbero alludere a una grave compromissione della dottrina cristiana o ad altri importanti avvenimenti tali da minacciare il credo. Dopo questi eventi, prendendo alla lettera la profezia, dovremmo assistere alla distruzione di Roma (la città dei sette colli). Potrebbe trattarsi di un fatto empirico (distruzione fisica della città) o di una metafora (distruzione spirituale e religiosa della fede cattolica). La questione è destinata ad alimentare ulteriore dibattito. Per avere una idea più chiara del fondamento della profezia, dei suoi eventuali risvolti e dei suoi significati, dobbiamo necessariamente attendere l'evolversi degli eventi.

Malachia lo chiama Petrus Romanus come il riformatore, Il capostipite di una nuova cristianità, un "Nuovo Pietro" che rifonderà la Cattolicità sulle ceneri della struttura attuale?

Ritengo l'espressione possa adattarsi alla figura del cardinale sudamericano. Nel suo primo discorso pubblico, immediatamente dopo l'elezione, papa Francesco si è indirizzato ai fedeli come il "Vescovo di Roma". Papa Francesco ha ribadito questo concetto in altre circostanze, richiamando l'attenzione sul fatto che il papa vive in una realtà diocesana ed è un vescovo uguale ad altri vescovi, con l'unica differenza che il suo ministero si svolge a Roma.

Ambienti del "complottismo" sostengono che gli Stati Uniti d'America avrebbero imposto questo papa costringendo alle dimissioni Benedetto XVI. Si tratta di farneticazioni di qualche burlone della "rete" o esiste un fondo di verità? Il fatto curioso è che, avvicinandosi le elezioni presidenziali statunitensi di novembre, si vocifera di dimissioni da parte di Jorge Mario Bergoglio a fine 2016.

Siamo forse vittima di uno spaventevole intreccio di bugie e intrighi internazionali?

C'è chi ritiene la crisi sistemica che il globo sta attraversando sia propedeutica alla Seconda Venuta del Cristo come egli aveva annunciato.

Difficile a dirsi, esiste sempre un discorso di ermeneutica da affrontare, di interpretazione delle Scritture, di antichi presagi ed eventi in divenire.

Infatti, il susseguirsi di fatti pressochè sincronici ci priva della lungimiranza richiesta a una percezione diacronica, ossia nella dimensione temporale della Storia.

Nota 1: https://books.google.it/books? id=BCgDAAAAMBAJ&pg=PA23&dq=%22popular+science %22+august+picard+august+1931&hl=it&sa=X&ved=0ah UKEwj3ncSc16XNAhUMOhQKHRQgApMQuwUILTAB#v= onepage&q&f=true

✔ NAZISTI IN ANTARTIDE

Illustrazione 81

Nazisti in Antartide. Sembra la parodia di *Fascisti su Marte.* In verità, il Terzo Reich ebbe davvero un inusitato interesse per l'esplorazione antartica compiendovi una spedizione dal gennaio 1939, si dice per assicurarsi una porzione di territorio locale e stabilirvi una base di supporto a navi baleniere. L'operazione fu autorizzata da Hermann Goering nell'ambito di un piano quadriennale di sviluppo economico onde rendere la Germania il più autosufficiente possibile in fatto di risorse naturali.

Il 17 dicembre 1938 la "Spedizione Nuova Swabia" salpò dal porto di Amburgo diretta in

Antartide a bordo della *MS Schwabenland*, con 33 uomini più 24 membri dell'equipaggio della *Schwabenland*. Quale era il vero scopo della missione tedesca al polo Sud?

Nel marzo 1939, in piena guerra mondiale, le autorità tedesche annunciarono ufficialmente che nuovi territori erano stati scoperti e cartografati grazie alle ricognizioni aeree.

Illustrazione 82: la nave Schwabenland impiegata nella spedizione del 1939. Si osserva sulla sinistra dell'immagine, l'idrovolante Lufthansa che s'involava dal ponte tramite una catapulta.

Che significa tutto ciò? I tedeschi avevano scoperto le medesime terre incognite descritte dall'ammiraglio Byrd nei resoconti dei suoi viaggi? O si tratta di ulteriori lande inviolate, nemmeno mai viste da occhi umani?

Un gruppetto di esperti missilistici statunitensi di origine tedesca, guidati dal dottor Wernher von

Braun, aveva volato nel gennaio 1967, da Christchurch in Nuova Zelanda, in Antartide, per conto della NASA. L'obbiettivo dichiarato era di saggiare le condizioni che avrebbero potuto incontrare le attrezzature destinate al previsto sbarco lunare di lì a qualche anno.

Evidentemente, l'interesse di quegli scienziati ex (?) nazisti per il territorio antartico non era affatto scemato a 22 anni dalla fine del conflitto.

Illustrazione 83: l'idrovolante Dorner Do15 mentre viene catapultato in volo e diretto a sorvolare l'Antartide.

✔ LUNA & NASA: LE IMMAGINI SONO PIETRE

Talora, poche immagini possono risultare più eloquenti di molte parole. Perciò non sarò prolisso, quest'articolo non sarà lungo dal momento che i lettori sono invitati a concentrarsi sull'osservazione delle fotografie a corredo del pezzo. Le parole sono pietre scriveva Carlo Levi. Nel Vecchio Testamento la lapidazione, l'uccisione a colpi di pietra, è una forma di pena di morte riservata in particolare a prostitute, adultere e assassini, tuttora applicata in alcuni stati. Le parole possono "lapidare" una persona, un gruppo sociale o perfino un complesso assioma scientifico.

E le immagini no?

Non c'è bisogno che esse siano crude o truculente per avere un potere contundente e un impatto distruttivo o la semplice capacità di far riflettere.

Le effigi ormai stantie durante la conferenza stampa degli astronauti dell'Apollo 11, al ritorno dalla Luna, sono dure come pietre a testimonianza di severe anomalie comportamentali da parte di quegli uomini. Esse mostrano il terzetto di eroi americani appena usciti dalla quarantena dopo avere, con pieno successo, scritto la Storia camminando sul suolo lunare per la prima assoluta di esseri umani su un altro corpo celeste. Allora perché quelle facce da funerale? Costoro erano ritornati sani e salvi dalla più incredibile impresa mai concepita dall'ingegno umano e si ha invece l'impressione che, un momento prima, qualcuno gli avesse vomitato sul vestito nuovo.

Quale sarebbe la logica di tutto ciò?

Le risposte che snocciolano sono talmente incerte e scarne come se avessero continuamente timore di sbagliare e di contraddirsi. Parlano ma la loro mente è altrove, i volti degli astronauti sono scuri e preoccupati.

Di che cosa poi?

Sulla Luna ci erano già andati, riuscendo in un'avventura rischiosissima, vincendo colossali sfide tecnologiche.

I protagonisti sono: a sinistra Edwin "Buzz" Aldrin (giacca chiara), pilota del modulo lunare (LEM), al centro Neil Armstrong, comandante, primo uomo a mettere piede sulla Luna e Michael Collins (con i baffetti), pilota del modulo di comando (CSM). (Illustrazione 84, 85 e 86)

Albert Einstein sosteneva che la conoscenza è meno importante dell'immaginazione dato che quest'ultima contempla cose che devono ancora essere conosciute e capite. Ora, provate a immaginare quali eccitamenti, soddisfazioni, che fiumi di parole sarebbero dovuti scaturire da quella conferenza stampa. Le immagini parlano da sole come si usa dire, a mio avviso una prova "estemporanea" che la corsa alla Luna fu beffarda.

Per la cronaca, l'incontro coi giornalisti si tenne a Houston, Texas, presso l'auditorium del *Manned Spacecraft Center* il 12 agosto 1969 ma non è questo il dato di fatto dell'evento.

Gli astronauti dell'Apollo 11 durante la prima conferenza stampa di ritorno dalla Luna. Non sfoggiano facce troppo convinte. Che dite? Il ghigno di Armstrong nella immagine sotto è emblematico

Illustrazione 84

Atteggiamento sconcertante di Buzz Aldrin e Neil Armstrong durante l'evento.

Illustrazione 85

Neil Armstrong, Edwin "Buzz" Aldrin e Michael Collins di ritorno dalla conquista della Luna felici come una pasqua!

Illustrazione 86

✔ QUANTO È GRANDE DAVVERO LA TERRA?

Illustrazione 87: un razzo lanciato da Derek Deville, il 30 settembre 2011 dal deserto di Black Rock in Nevada (USA), ha raggiunto i 121.000 piedi di quota. Ciò corrisponde a 36,9 km di altezza. La curvatura terrestre, stando ai calcoli, dovrebbe già manifestarsi a 6 km dalla superfici. Inoltre, l'orizzonte rimane sempre a livello dell'occhio dell'osservatore. In effetti, la sfericità terrestre non viene mai osservata ad alcuna quota nelle immagini provenienti da soggetti privati.

Vi è un aspetto non irrilevante qualora scoprissimo che il suolo su cui poggiamo i piedi non è una sfera bensì un piano discoidale delimitato da una cinta costituita dai ghiacci antartici. In tale ambito, trascurerò di trattare la questione di cosa vi sia "oltre" il polo Sud.

Stando alla cartografia ufficiale, il "pianeta" Terra è un *geoide*, più esattamente uno *sferoide oblato* ossia una sfera imperfetta. Il raggio sarebbe di 6371 km in media. Facendo il relativo calcolo, la superficie risultante è di 510 milioni di km². La circonferenza risulta di poco più di 40 mila km.

Ma se la Terra fosse piatta quale sarebbe la sua superficie?

Ipotizzando sia reale il diametro di 12.742 km, l'area di un cerchio simile sarebbe di *un miliardo e 280 milioni di km quadrati*. Un incremento del 150% con estensione più che doppia rispetto a quella dello sferoide. Taluni avanzano la cifra di un miliardo e 450 milioni di km quadrati, un incremento superficiale del 184% equivalenti a un raggio di 6800 km. Ma queste rimangono audaci speculazioni poiché non conosciamo nulla dell'Antartide, se non vagamente il profilo delle sue coste.

L'ammiraglio Richard Byrd, sostenne di avere visto e filmato (Illustr. 79 e 80), nel corso delle sue spedizioni al polo Sud, interi continenti oltre l'Antartide totalmente sconosciuti ma dei quali vi sarebbe, tuttavia, qualche esile traccia.

In un tempio buddista, in Giappone, nel 1907 fu ritrovata una mappa vecchia, si dice, di mille anni. Oltre alla disposizione dei mari e delle terre emerse secondo una cosmologia geocentrica, sembrano essere raffigurate molte altre terre oltre il polo Sud. Sono i misteriosi territori cui fece riferimento l'ammiraglio Byrd dopo le sue esplorazioni antartiche?

La notizia fu riportata da un quotidiano (*Pacific Commercial Advertiser*) di *Honolulu*, nelle Hawaii, nel numero del 9 gennaio 1907 (Illustrazione 89). Si trattò di un qualcosa che oggi chiameremmo una "bufala" o cosa?

Nello studio dell'universo geocentrico, si contrappongono due teorie: una postula, sulla scorta del dettato dei testi sacri, che esista un "confine" oltre l'Antartide dove Cielo e Terra si uniscono, il Firmamento tocca il suolo; un'altra visione sostiene la possibilità di un piano infinito oltre l'anello antartico esistendo un numero di territori dei quali nulla si sa.

Illustrazione 88

La Illustrazione 88 è una immagine che fu scattata dal fotografo George Rayner durante una spedizione negli anni '20 dello scorso secolo. La nave *William Scoresby* fu espressamente armata per l'esplorazione e la cartografia delle regioni polari compiendo sette viaggi antartici fra il 1926 e il 1937. Molto probabilmente, si tratta di una alterazione dell'emulsione fotografica causata dal grande freddo di laggiù. Ma chi lo può sapere.

Illustrazione 89: altri territori oltre l'Antartide.

✔ L'ASSE DI ROTAZIONE DEL SOLE SVELATO DALLE SUE "MACCHIE"

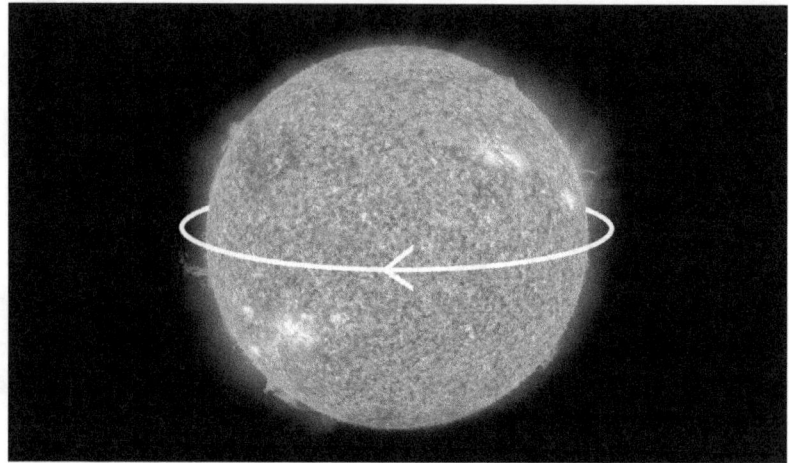

Illustrazione 90: direzione di rotazione solare visto dalla Terra.

Alcuni astronomi dilettanti hanno fatto un'altra scoperta ragguardevole: le macchie solari (note in inglese col termine di *sunspot*) non ruotano su un asse perpendicolare alla Terra e parallelo all'asse di rotazione del sistema solare. Esse si spostano, viste dal nostro pianeta, in senso orario, come le lancette sul quadrante di un orologio. Pertanto, l'asse di rotazione è diretto verso l'osservatore terrestre (Illustrazione 91 e 92).

Le macchie solari, secondo gli scienziati, sono zone nella fotosfera solare le quali, a causa dei forti campi magnetici locali, si trovano a temperature minori rispetto alla atmosfera circostante, anche di oltre 1000 °C. Esse hanno una caratteristica colorazione scura e si intensificano ciclicamente ogni 11 anni.

La rotazione del Sole sembra essere differente: essa appare sincrona con la rivoluzione quotidiana sopra il disco terrestre. Le "macchie" si spostano di 90° in 6 ore sul quadrante.

Interessante osservare come in alcuni luoghi, ove ci sono state apparizioni mariane (come a Medjugorje in Bosnia-Erzegovina dal 1981), sia stata osservata una rotazione del Sole in senso orario. A Fatima, in Portogallo, nel miracolo del Sole del 13 ottobre 1917, il disco solare infuocato ruotò su sè stesso spostandosi nel firmamento.

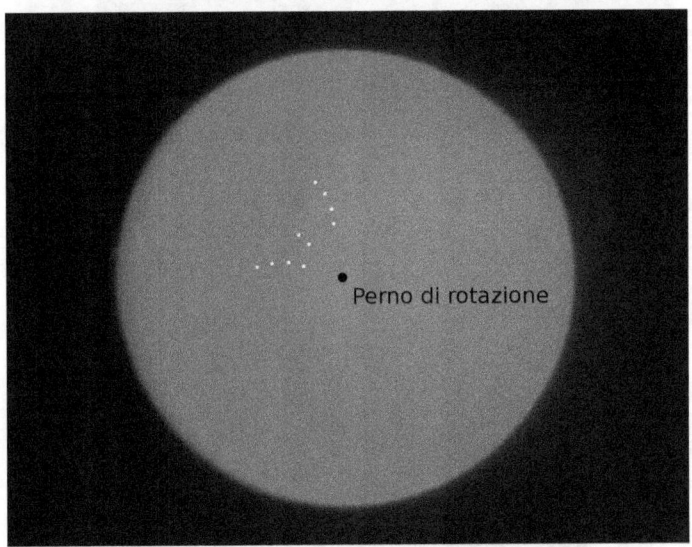

Illustrazione 91: sovrapposizione delle tre fotografie della Illustrazione 92. Le macchie solari (evidenziate in bianco) appaiono girare attorno a un asse centrale (indicato in nero) diretto verso l'osservatore terrestre.

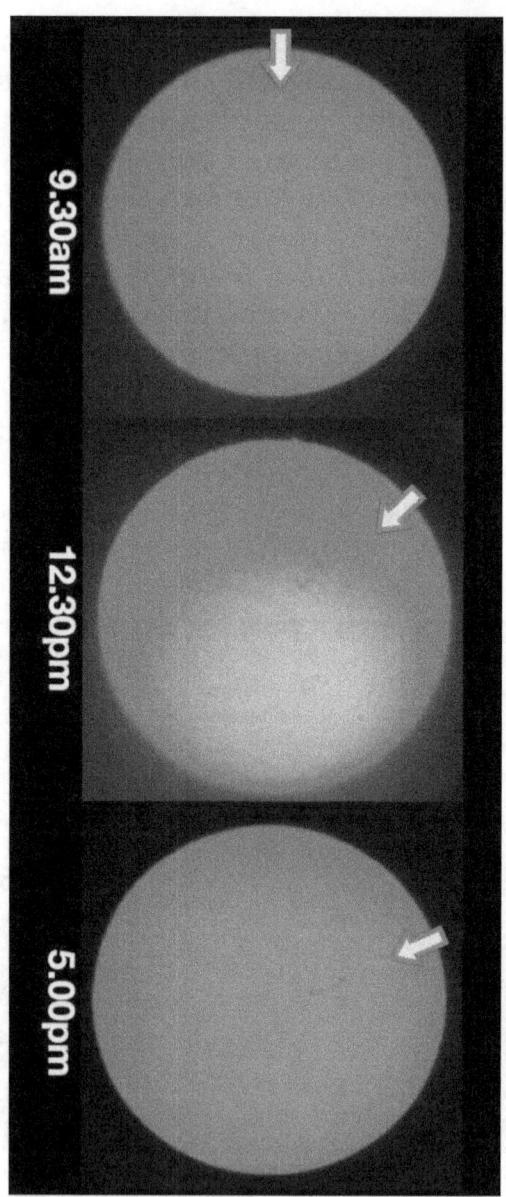

Illustrazione 92: tre foto in sequenza scattate nell'arco di 7 ore e mezza paiono suggerire un moto rotatorio attorno un perno centrale.

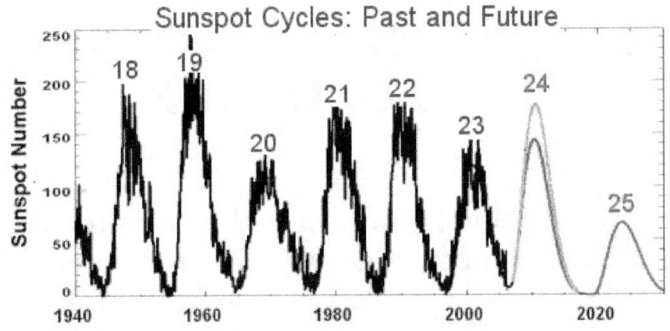

Disegno 5: grafico dei cicli delle macchie solari. (Fonte NASA da: Galuppini A., LA LUNA DI CARTA, 2° edizione (2017)

Precisamente come riscontrabile direttamente osservando il movimento rotatorio giornaliero delle macchie solari. Fenomeno costantemente osservato da innumerevoli testimoni. Prodigi, autosuggestione collettiva o cos'altro?

Illustrazione 93: l'evento della rotazione del Sole a Medjugorje (Bosnia-Erzegovina). Fenomeno continuamente osservato da molti testimoni. Miracolo, autosuggestione collettiva o che altro?

✔ LUNA & NASA: OMBRE SULLO SFONDO

Tra le prove che l'uomo sarebbe andato sulla Luna ci sono naturalmente le innumerevoli fotografie e filmati riportati sulla Terra. Migliaia d'immagini fisse e in movimento, a colori e in bianco e nero, riuscite o no, tanto che forse neanche la NASA sa quante siano con precisione. Queste pellicole testimoniano la più grande impresa di sempre della specie umana: la conquista di un altro corpo celeste con ben sei differenti spedizioni. Nelle immagini si ammirano i valorosi astronauti muoversi balzellando, compiere esperimenti raccogliendo campioni di roccia, muoversi a bordo del lunar rover, la macchinina lunare. Con l'immancabile presenza della bandiera a stelle e strisce, del Lem (modulo di escursione lunare), della strumentazione scientifica nonché delle ubiquitarie impronte lasciate dagli astronauti sul brullo e aspro suolo selenico.

Sembra tutto molto bello, pensate voi.

Mica tanto.

Sin dagli albori degli sbarchi lunari, in diverse parti del mondo, furono sollevati dubbi sulla autenticità delle prove visive. Come ad esempio nella foto etichettata **AS11-40-5928** che ritrae di spalle Buzz Aldrin, secondo uomo a camminare sulla Luna, accanto al Lem durante la prima storica missione datata 20-21 luglio 1969. La fotografia, se osservata con attenzione, manifesta parecchie stranezze. Il fatto che, per esempio, il terreno sotto il Lem e la zona immediatamente circostante non mostrino alcun segno del poderoso getto emesso dai motori in fase di allunaggio che avrebbe dovuto squassare la superficie come soffiare con un enorme compressore su una spiaggia di sabbia fine. Secondo studi preliminari effettuati dalla NASA, il

Disegno schematico delle quinte lunari. (Sotiris Sofias)

Disegno 6

motore a razzo avrebbe potuto scavare un cratere di sotto al Lem col rischio che questo ne rimanesse intrappolato. Il modulo di allunaggio invece da l'impressione di essere stato delicatamente deposto al suolo agganciato a una gru. Eppure che il terreno in quel punto fosse soffice e incoerente è dimostrato dal fatto che gli esploratori lunari lasciarono evidenti impronte al passaggio nonostante il loro peso, pur incrementato dall'ingombrante tuta spaziale,

Illustrazione 94: nel film Capricorn One del 1978 si allude a un falso sbarco sul pianeta Marte. Riferimento indiretto alla beffa della Luna?

fosse un sesto di quello rilevato sulla Terra a causa della minore gravità.

E cosa dire delle stelle?

Qui sulla Terra in alta montagna, dove l'aria è rarefatta, le stelle sono molto più brillanti che viste dal livello del mare distinguendone i colori. Com'è allora spiegabile che dalla Luna, in totale assenza di atmosfera, nelle immagini non appaiano gli astri?

Perché gli astronauti scattarono foto nitidissime dai toni cangianti senza però che in nessuna di esse rimanessero impressi pianeti e galassie

Nemmeno fecero tentativi per riprendere il cielo magari appostandosi con la macchina fotografica dietro una formazione rocciosa, al riparo dal forte bagliore solare.

Una fotografia, che inserisco a titolo esemplificativo, mostra la famosa cometa Hale-Bopp indicando inconfutabilmente che anche dalla Terra, a dispetto di decine di km di atmo-

*Illustrazione 95: **AS11-40-5928***

sfera sopra le nostre teste, si possono ottenere immagini astronomiche anche includenti zone molto illuminate. (Illustrazione 101)

Ma l'anomalia più interessante di certe immagini delle missioni Apollo riguarda senz'altro l'ombra degli oggetti, in particolare del modulo lunare. Nella foto con Aldrin alcune pietruzze sembrano proiettare la loro ombra in direzione nettamente diversa da quella del Lem pur trovandosi vicinissime a esso.

Se osservate il particolare della fotografia nella medesima sequenza **AS11-40-5927**, notate chiaramente che l'ombra del modulo arriva a sfiorare l'orizzonte, anzi una propaggine (un'antenna?) sembra toccarlo. Tuttavia, l'ombra medesima inizia ben sotto il lem, dunque il sole è "alto". Significa, quindi, che l'"orizzonte" è lì dietro a pochi metri come se l'allunaggio fosse avvenuto su uno strapiombo. Sembra che le rocce più distanti poggino sul ciglio di un precipizio o contro uno sfondo nero. La NASA non ha mai dichiarato che alcuna missione avesse allunato vicino a un dirupo o sul pendio di una montagna.

Allora da dove proviene la chiara sensazione prospettica che l'orizzonte sia "limitato"? Forse lo scenario è una zona circoscritta, come uno

*Illustrazione 96: particolare di **AS11-40-5927***

studio cinematografico, anziché un vasto deserto lunare? La prospettiva è un fenomeno puramente ottico pertanto indipendente dalla presenza o dall'assenza di un'atmosfera. La mancanza di profondità si nota molto anche nel particolare dell'immagine catalogata **AS11-40-5855** in cui i

*Illustrazione 97: **AS11-40-5931***

massi che si trovano all'orizzonte non sembrano per nulla molto più distanti né grossi di quelli che stanno nelle vicinanze del fotografo. Pure nella fotografia **AS11-40-5931** si ha la medesima impressione, ossia che alcune pietre siano allineate contro un fondale che funge da cielo.

A proposito, in questa foto s'intravedono alcuni puntini luminosi nel buio. Come mai, basandosi sulla distanza angolare, luminosità comparata, conoscendo data e posizione del sole, la NASA non ha reso noto di che astri si tratta? Forse perché, come sostengo io, si tratta in realtà di pulviscolo finito accidentalmente nell'emulsione fotosensibile, oppure sono artefatti introdotti per simulare la presenza di qualche stellina. Esistono immagini in cui l'intero modulo lunare non sembra fotografato "all'"orizzonte bensì "sull'"orizzonte. Al modo del particolare della **AS12-48-7091** in cui l'ombra del Lem tocca

*Illustrazione 98: particolare di **AS11-40-5855***

letteralmente lo sfondo nonostante essa sia orientata ben lateralmente. Ancora una volta il sole non appare essere talmente "basso" da produrre ombre chilometriche dato che l'intera area buia non è molto più lunga dell'altezza del Lem.

Dal punto di vista geometrico quindi, come giustificare che l'ombra del Lem raggiunga l'orizzonte?

La teoria postula che la scenografia sia stata costruita in un grande studio fotografico a tutto tondo (per ridurre al minimo problemi con i riflessi sulle visiere dei caschi). Una zona presumibilmente più grande di un campo da calcio (un grande hangar?) provvista di quinte teatrali dipinte di nero come mostrato nel disegno

*Illustrazione 99: particolare di **AS12-48-7091***

schematico. Il pavimento fu cosparso di rocce e sabbia, probabilmente di origine vulcanica, che fa tanto esotico ed extraterrestre, e un "orizzonte", camuffato bene o male con sassi di varia foggia disposti qui e la, costituente la demarcazione tra il pavimento dello studio e il nerissimo "cielo" verticale. Per la NASA non sarebbe stata impresa facile riprodurre fedelmente la volta celeste. Meno ancora credibilmente, anche per astronomi dilettanti, perciò fu scelto il "black out astrale" adducendo come pretesto che le macchine fotografiche e le pellicole impiegate non erano predisposte per catturare la tenue luce stellare.

Elucubrazioni mentali da "cospirazionisti", reputate ancora voi.

Può darsi, ma la sapete una cosa buffa? Nelle missioni Apollo ritroviamo fotografie con una prospettiva che produce un realistico senso di profondità e in cui non appare il fenomeno delle "rocce sullo sfondo" come ad esempio nel fotogramma **AS11-40-5888**. Curiosamente, in queste immagini prospetticamente "plausibili", non compaiono astronauti oppure costoro appaiono in fotografie con montagne e colline lunari che danno sovente la sensazione di essere frutto di un fotomontaggio.

Ogni lettore è libero, a questo punto, di trarre la propria conclusione.

Illustrazione 100: immagine AS11-40-5888; la sensazione di profondità appare più "naturale" di altre fotografie lunari che includono astronauti.

Illustrazione 101: Len DiPinto (nella foto, che ringrazio per la gentile concessione) realizzò questa immagine esattamente come la vedete nel 1997 impiegando un singolo fotogramma da 35 mm, uso di flash ed esposizione di circa 10 secondi.

✔ L'INSOSTENIBILE LEGGEREZZA DEI SATELLITI ARTIFICIALI

Secondo il modello della Terra Piatta, i satelliti artificiali non possono essere reali. Ad esempio, la serie che formerebbe la rete di posizionamento globale nota con l'acronimo GPS (Global Positioning System, Illustrazione 102). Diverse prove hanno dimostrato che gli identificativi, azimut ed elevazione dei satelliti nei dispositivi GPS sono posticci. In realtà, il GPS sarebbe basato su triangolazioni di torri a terra.

Dove starebbero queste torri? Secondo la mia ipotesi, entro le basi militari degli Stati Uniti che si trovano quasi ovunque nel mondo. Il *Global Positioning System* è, infatti, una rete controllata dal Pentagono.

Sarebbe costituito il GPS da una settantina di satelliti orbitanti a 20 mila chilometri di altezza. Stando alla narrazione ufficiale, occorre "avere in vista" almeno 4 satelliti per ottenere la posizione tridimensionale (latitudine, longitudine e altitudine), e tre satelliti per le coordinate piane.

Sarà una coincidenza, ma nei paesi dove non ci sono basi americane il GPS non funziona bene.

Una stranezza considerando che i satelliti dovrebbero essere "visibili" da ogni punto orbitando sopra di una sfera.

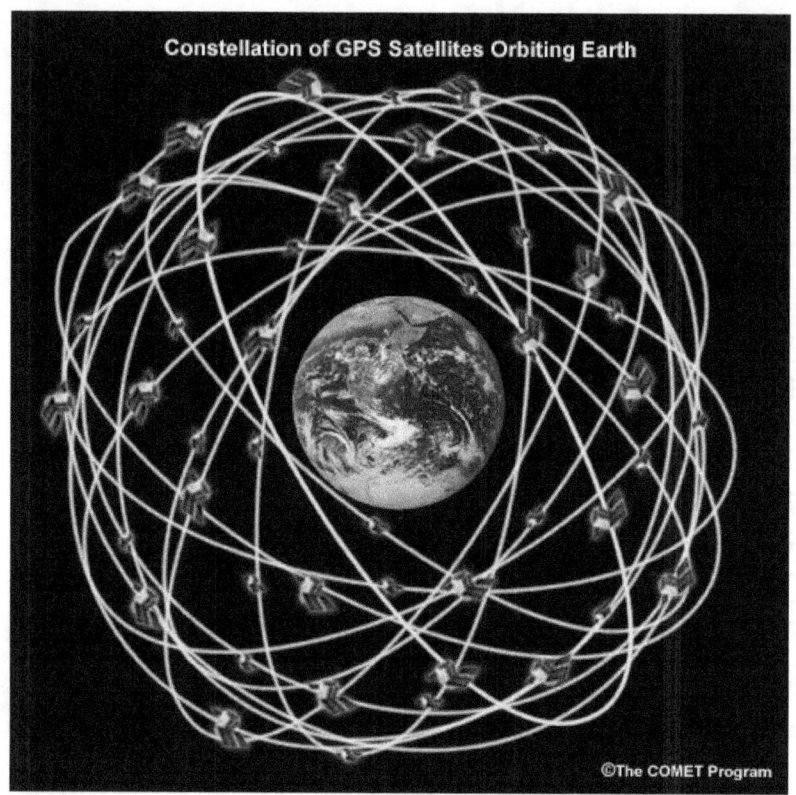

Illustrazione 102: lo sciame di satelliti del servizio GPS intona la Terra.

Ora, si può arguire che gli USA non intendano "regalare" l'uso di un loro apparato militare a potenziali nemici.

Può darsi.

Si tratta di una palese contraddizione, tuttavia. Osservando la mappa della copertura territoriale, si evince che essa è simile a quella dei telefoni cellulari, satellitari e non. Il GPS funziona solo in prossimità delle terre emerse e sulle isole maggiori dove sono ubicate le antenne terrestri.

Alcuni hanno evidenziato che tutti i più alti grattacieli ed edifici al mondo sono sormontati da svariate antenne per telecomunicazioni. Forse esse emulano i satelliti GPS e altre funzioni attribuite ai satelliti?

Riguardo alla modalità di funzionamento, una ipotesi si può avanzare sui telefoni via satellite.

Tali apparecchi satellitari sarebbero normali telefoni cellulari ma dotati di antenne più potenti e ricettive, capaci di connettersi alle normali celle terrestri anche da grandi distanze.

Sembra una asserzione frutto di fantasia, eppure... la cosa che colpisce grandemente è la copertura geografica. Potrà sorprendere o meno, ma i telefoni satellitari funzionano solo sui continenti e in prossimità di essi (Illustrazione 103), non in mezzo agli oceani, dove il loro funzionamento sarebbe più rassicurante e salvifico. La copertura territoriale offerta dovrebbe seguire l'andamento della traiettoria dei satelliti, non il profilo delle terre emerse!

Curioso anche che gli apparecchi di rice-trasmissione satellitare siano parecchio costosi e stilisticamente antiquati (ingombranti e simili ai primi modelli GSM) come a disincentivarne l'acquisto. Si tratta di un fatto intenzionale?

Ancora, stando a Wikipedia, ci sono "restrizioni" nell'uso dei cellulari satellitari. Sono i paesi che non sono ancora colonie degli USA. Questi paesi senza "telefoni satellitari" sono India, Cina, Russia, Corea del Nord, Burma e Cuba.

Non è strano?

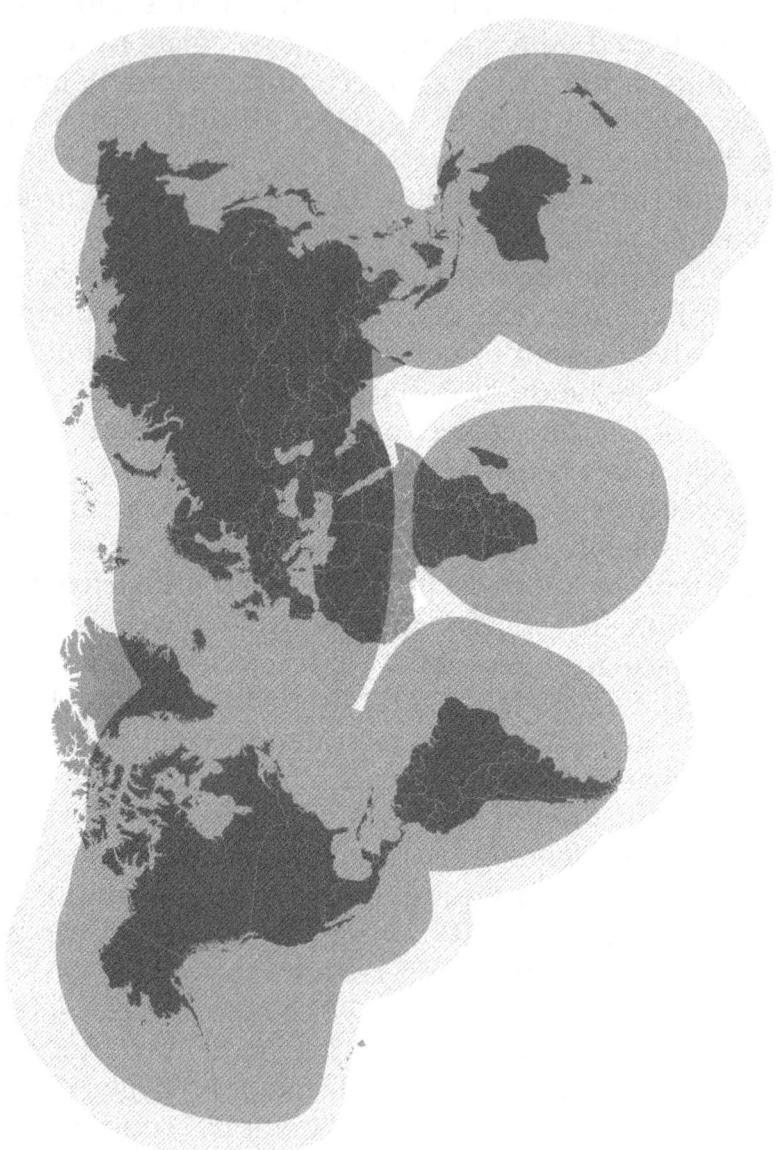

Illustrazione 103: copertura dei satelliti Globalstar. Il servizio funziona unicamente in prossimità delle coste. Le zone in grigio chiaro sono definite "di frangia".

Un satellite dovrebbe servire, indistintamente, dall'orbita (da 640 a 1120 km di altezza) in cui si trova, tutti gli stati. Ma perché alcuni no?

E veniamo al terzo mistero satellitare: la ricezione diretta di programmi televisivi tramite antenne paraboliche.

Le trasmissioni radio, di qualsiasi tipo, sono assai limitate dalla distanza del trasmettitore dall'antenna ricevente. Per esempio, se una superficie riceve un *lux* di luce a 2 metri di distanza e la superficie viene allontanata a 4 metri dalla fonte, essa riceverà un quarto della illuminazione. Dato che il segnale s'affievolisce col quadrato della distanza. Infatti, la potenza emessa si distribuisce su un angolo di 90°, quindi una superficie che aumenta al quadrato mentre la distanza incrementa linearmente.

Un fattore limitante non di secondaria importanza.

$$I \propto \frac{1}{d^2}$$

Disegno 7

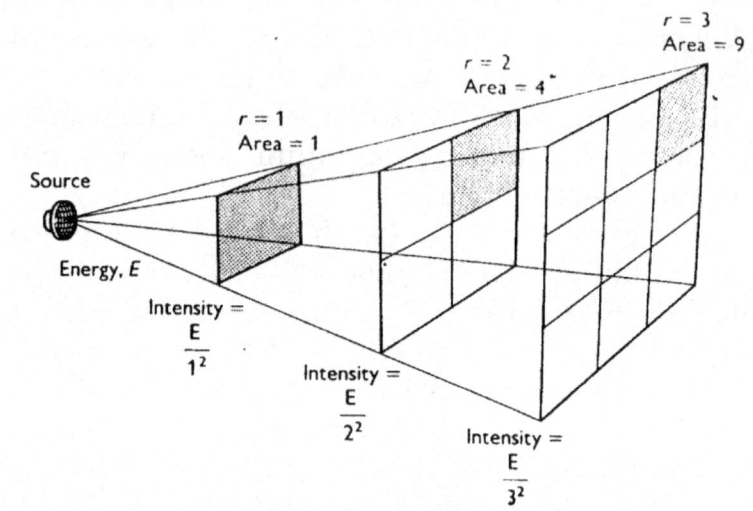

Disegno 8: rappresentazione grafica della equazione $E \approx 1/d^2$.

La legge del quadrato inverso alla distanza $(1/d^2)$ (Disegno 7) si applica non solo alla luce ma a tutte le radiazioni elettromagnetiche. In generale, la formula nell'immagine del Disegno 7 è valida per tutti i dispositivi atti alle tele-comunicazioni.

A questo punto, vengono spontanee alcune domande: i satelliti atti alla diffusione TV, per definizione sono geostazionari, posizionati in orbita equatoriale a 36.000 km di altezza (circa il triplo del diametro terrestre, Illustrazione 104), con quale potenza trasmettono? Onde raggiungere le parabole che vediamo comunemente sui tetti?

Probabilmente nell'ordine dei mega-watt. Ma quale fonte energetica può garantire una tale intensità di segnale? Dovrebbero essere trasmettitori alimentati da estensioni immani di pannelli solari i quali dovrebbero continuamente orientarsi verso il Sole.

Sì. perché, essendo oggetti geostazionari, ruotano attorno la Terra, con precisione, ogni 24

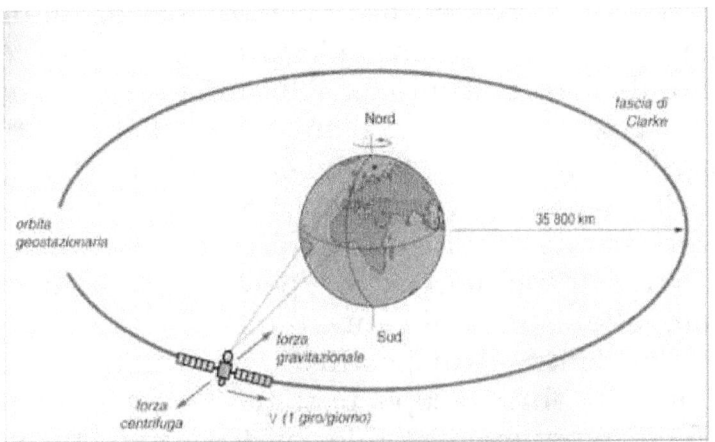

Illustrazione 104: i satelliti geostazionari si trovano solo in una orbita equatoriale posizionati a una quota di circa 36.000 km.

ore dovendo rimanere immobili rispetto agli apparati riceventi.

I satelliti artificiali per telecomunicazioni sono grandi, su per giù, quanto un piccolo furgone. Come farebbero a irradiare mega-watt di energia senza esplodere?

Poi esiste la questione spinosa, da me più volte sollevata, dell'orientamento delle parabole televisive. È facilmente riscontrabile di persona, osservandole in giro, che sono sovente direzionate in senso orizzontale. Potete verificarlo pure voi che esse paiono puntare a un trasmettitore terrestre.

Da dove proviene dunque il segnale della TV "via satellite"? Questa è una questione intrigante quanto inquietante destinata a rimanere irrisolta. Per ora.

Comunque, qualche supposizione si può azzardare. Se osservate una parabola satellitare, essa è composta da riflettore, il disco della parabola vero e proprio, e l'illuminatore chiamato *LNB* (*Low Noise Block*) che raccoglie il debole segnale a microonde proveniente dal satellite. Per me, l'LNB è un'antenna omnidirezionale che capta il segnale da trasmettitori terrestri. Le antenne dei telefoni cellulari, che operano su frequenze molto alte, sono talmente miniaturizzate che si trovano dentro il dispositivo. La parabola vera e propria ha forse scopo puramente decorativo. Il "blocco" contiene, a mio avviso, una bussola elettronica che disattiva l'antenna quando non è "orientata" correttamente.

La risposta invece alla domanda - allora come funzionano le telecomunicazioni intercontinentali – è semplice: *cavi sottomarini*. Le fibre ottiche permettono, tramite grossi cavi stesi sul fondo del mare, di supportare il *99%* delle teleco-municazioni digitali: chiamate telefoniche e connessioni internet di ogni tipo.

Tale dato non è particolarmente pubblicizzato.

Se tutto può avvenire via fibra ottica, a cosa serve spedire migliaia di satelliti artificiali per tele-comunicazioni in orbita?

Interessante osservare pure la disposizione dei cavi sottomarini (Illustrazioni 105 e 106) la quale

lascia intuire una conformazione terrestre simile
alla mappa polare azimutale Gleason piuttosto di
una Terra sferica. Infine, le rotte migratorie degli
uccelli non lasciano dubbi sulla inconsistenza
delle carte geografiche correnti.

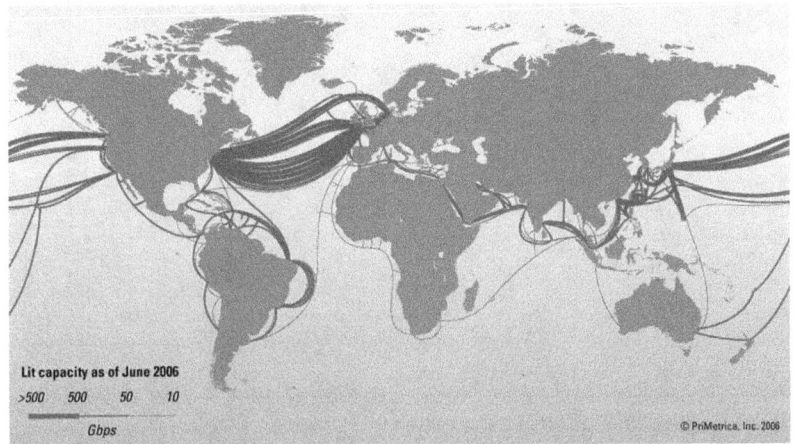

Illustrazione 105: percorsi dei cavi sottomarini per telecomunicazioni.

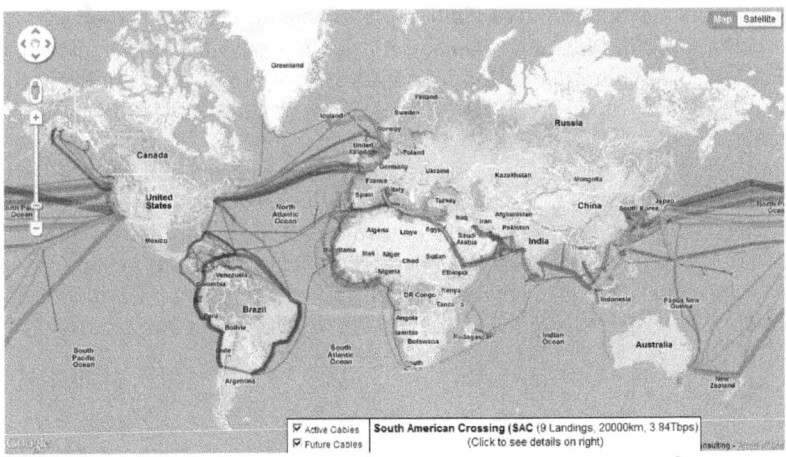

*Illustrazione 106: cavi sottomarini: non ci sono collegamenti diretti
nell'emisfero australe. Perché mai?!?*

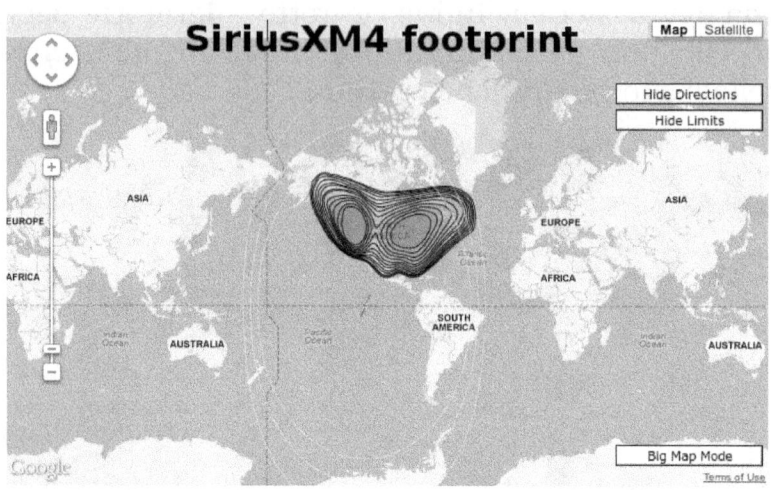

Illustrazione 107: la Sirius XM Satellite Radio è una società statunitense di emissione radio satellitare e via web. Trasmette i canali Sirius Satellite Radio, XM Satellite Radio e Sirius XM Radio.
La cartina sopra ne illustra l'impronta, ossia la copertura territoriale via satellite. È curioso costatare come tale area ricalchi quasi perfettamente i confini degli Stati Uniti continentali raggiungendo le aree limitrofe di Messico, Canada e Alaska. L'emittente si avvarrebbe di 5 satelliti in orbita: due XM, due satelliti classe Sirius e uno di riserva. In effetti, dato che la società, attraverso il servizio SiriusXM Marine, offre abbonamenti per ricevere le previsioni meteo marittime, sarebbe logico la copertura si estendesse anche al mare aperto e non sostanzialmente alle acque in prossimità delle coste. Non vi pare? Un altro indizio che c'è qualcosa di sordido riguardo i satelliti artificiali. Se i satelliti geostazionari a 36mila km di altezza in orbita equatoriale esistessero, dovrebbero coprire tutta la porzione di globo compresa nell'ellisse, inclusi il Centro e Sud America in questo caso.

→ RINGRAZIAMENTI E NOTE CONCLUSIVE

Prima di tutto, ringrazio sentitamente **Dino Tinelli**, **Calogero Greco** e **Agostino Favari** per la loro collaborazione.

Spero che questa mia opera sia stata di gradimento a chi l'ha letta e consenta a tutti di formarsi una immagine più nitida del mondo in cui viviamo.

Ringrazio tutti i lettori per l'interesse mostrato verso questo testo. Inoltre, chiunque avanzerà osservazioni e segnalerà ogni *errata corrige*.

Non vi è una vera e propria bibliografia a corredo, come solitamente ci si aspetta in fondo a un volume. Ci inoltriamo, infatti, in un'epoca nuova, disseminata di incognite. Non c'è precedente moderno cui fare riferimento in questo campo, quantomeno in lingua italiana. In ogni caso, in inglese c'è il libro dell'amico **Eddie Alencar** intitolato "*16 Emergency Landings proving Flat Earth*" del quale mi onora averne scritto la prefazione.

È stata pubblicata, in data 8 settembre 2019, la prima edizione del secondo volume di "*Quaderni dalla Terra piatta*" intitolato "*Una immane ondata*".

Albino Galuppini

Illustrazione 108: le Alpi Cozie, con il Monviso che svetta al centro, fotografate da 330 km di distanza. L'autore è Marco Melotti, gestore del rifugio Bocca di Selva (1550 m.) sulle Prealpi veronesi, nel cuore del Parco Naturale della Lessinia. Stando alla formula per il calcolo della curvatura terrestre (pag. 114), l'orizzonte dovrebbe essere "affondato" di quasi 3mila metri.

➔ NOTE DEL LETTORE